生きて動いている「有機化学」がわかる

齋藤勝裕
Katsuhiro Saito

はじめに

　「生きて動いている化学シリーズ」の第2弾『生きて動いてる「有機化学」がわかる』をお届けします。おかげさまで本シリーズ最初の『生きて動いている「化学」がわかる』がご好評をいただきました。少し変わったタイトルで、『生きて動いている……』とありますが、それはまさに、「いま生きていて動き、進歩し、変化しつつある」ライブな化学をお伝えしたい、そのような意図を表すために考え出したものです。

　多くの読者の方々が接した化学というと、それは「高校の化学」ではないかと思います。高校の化学はすでに確立された正しいことを、順序を追って体系的に組み立てたものです。いってみれば「化学の博物館」に整然と展示された「知識」です。

　けれども化学は生き物です。常に動き、変化し、一時も留まることはありません。この瞬間にもどこかで新しい分子が誕生しており、新しい知識が生まれています。なかでも有機化学は産業との結びつきも強く、一瞬たりとも目を離すことのできない世界です。そこで、有機化学の動きはもちろん、その体温や吠え声に至るまで、「生きて動いている有機化学」をお目にかけたい。それが本書の趣旨なのです。

　現代の有機化学の知識、技術、製品は日ごとに変化、進歩しています。自動車のエンジン部品はもとより、防弾チョッキの素材にまで使われています。有機化合物でありながら、電気を流す伝導性を持ち、さらには超伝導性までも獲得しています。昔なら絵空事だった磁石の

性質を持つ有機化合物まで出現しています。レアメタル、レアアース（希土類元素）がますます入手困難になっていくなか、有機化合物は『新しい金属』としての出番を迎えつつある、そのような観すらあるのです。

　超分子化学という世界もあります。これは分子同士の間に緊密な関係があることを解明し、タンパク質、DNAなど、生命の本質に迫る分子の構造と機能を明らかにしていくものです。その知識を元にして、分子による機械、さらには「1個の分子がそのまま機械になる」という「一分子機械」までも生まれようとしています。

　研究分野だけでなく、産業分野においても、連日のように新しい有機化学製品が開発され、昨日の知識や技術は「過去の知識、技術」として化学史の1ページに追い立てられていこうとしています。
　このようななかにあって、最新の「有機化学のエッセンス」をご紹介したい、最新の有機化学の中に流れる「勢・息吹」を感じていただきたい、そのような思いから執筆に没頭したのが本書です。

　現在、有機化学の世界では、研究、技術開発、製品開発のさまざまな分野で新しい課題・問題が山積しています。本書でもその一端をとり挙げています。しかし、それは決して最新の化学知識を持っていなければ理解できない、というものではありません。それどころか、本書では、本書を読むための化学的基礎知識、まして有機化学の基礎知識など、ほとんど前提としていません。そのような方にも何の問題もなく読み進んでいただけるよう解説しました。
　本書を読み進むために必要な知識は、すべて本書のなかに書いてあります。親切な説明図が理解を助けてくれるはずです。どうぞ安心して本書に身を任せてください。読者の方は、本書を読み進むうちに、

知らずしらずのうちに、化学や有機化学の基礎知識が身につき、最新の有機化学の成果、問題点が理解できるようになることと思います。

　本書はいわゆる「高校化学の復習本」とは違います。現代の「生きて動いているライブな有機化学」をこの上なくわかりやすく、この上なく面白くご紹介することを目指したものです。

　本書によって、「現在の有機化学は高校の有機化学とは違ってオモシロイゾ！」と感じていただくことができたなら、著者として望外の喜びです。

　最後に本書の制作に努力を惜しまれなかった、ベレ出版の坂東一郎氏、編集工房シラクサの畑中隆氏に感謝いたします。

2015年1月

齋藤勝裕

●目次●

はじめに　3

序章

有機化学は生きた化学だ　17

1 「化学は暗記モノ」という誤解 ── 18
　　化学って何？
　　暗記シチャエって？

2 理解すれば「化学はわかる」 ── 20
　　意味を理解すると自然に覚えられる
　　"暗記化学"から抜け出す最初のカギは

3 すべては「原子」からできている ── 22
　　原子の種類は90程度しかないけれど
　　「どうなっているんだろう？」を考えるのが化学
　　現代の原子論とギリシアのアトム、決定的に違うことは？

4 原子は結合して分子をつくる ── 27
　　結合電子をノリとして結合する
　　有機化合物と有機分子とは同じものだった！

5 有機化学は産業に直結する「有益な化学」 ―― 30
現代の生活を支える有機合成反応
有機化学産業は時代の鏡

第1章

有機化合物ってどんな形をしている? 33

1 有機物と無機物って何がどう違うのか ―― 34
有機化合物と無機化合物の違い
無機物から有機物は発生しない?

2 有機物がいろいろな形をとる理由は何か ―― 39
共有結合が形を決める
原子は握手をして結合する

3 代表的な有機化合物の形 ―― 42
飽和炭化水素の構造
不飽和炭化水素の構造
共役化合物の結合
芳香族化合物の結合

4 分子はプラスの部分とマイナスの部分を持っている ―― 54
結合電子雲と電気陰性度
分子間に働く「水素結合」

5 構造式を簡単に表示する方法 ―― 57

6 ネーミングで有機化合物の違いを知る ―― 60
数詞はギリシア語で表現する
命名法の法則を知る

有機化合物の種類と性質は　65

1 置換基とは何を「置換」するものなのか？ —— 66
　　置換基こそ、有機化合物の性質を決める！
　　アルキル基は個性が少ない
　　官能基は二種類ある

2 炭化水素は一番シンプルな有機化合物 —— 70
　　アルカンを分類してみよう
　　石油が1g燃えると何gのCO2が排出されるか

3 とても重要なアルコールとエーテル —— 73
　　身近なアルコールの性質
　　アルコールとは一線を画す「フェノール」とは
　　化学のエーテル、物理のエーテル

4 置換基を持つカルボニル化合物 —— 79
　　反応性の高いケトン
　　アルデヒドとフェーリング反応
　　カルボン酸と食べ物

5 窒素を含む有機化合物①アミノ基 —— 87
　　スーパースター「タンパク質」
　　光学異性体のL体、D体
　　生理的性質が異なる？

6 窒素を含む有機化合物
　　②ニトロ化合物、ニトリル化合物 —— 92
　　ニトロ化合物といえば「爆発物」？
　　窒素を調達する
　　ニトリル化合物は取扱いに注意

7 産業的にも役立つ芳香族化合物 ——— 97
芳香族とは何か
芳香族にはどのようなものがあるのか

第3章
有機反応が有機化合物を変化させる 101

1 有機化学反応の特徴をとらえる ——— 102
有機化学反応の特徴は「中間体」と「反応機構」
「→」ではなく「＝」の反応は何が違うのか？
有機化学反応を進行させる力は何か？

2 「置換反応」の理解がキホン ——— 107
置換反応—タイプⅠ
置換反応—タイプⅡ

3 「脱離反応」では分子が抜け落ちる ——— 112
脱離反応の反応経路はどうなっているのか
主生成物は何で決まるのか？

4 「付加反応」は脱離反応の逆バージョン ——— 115
金属触媒付加反応
トランス体ができる付加反応
環状付加反応

5 芳香族化合物の特別な置換反応とは ——— 120
芳香族の電子的特色は？
芳香族置換反応の反応機構
芳香族置換反応の種類
置換基から別の置換基へ

6 熱反応が大半だが、光化学反応も…… ─── 125
　　　分子はエネルギーを受け取ると高エネルギー状態に
　　　熱反応と光反応との違い

第4章
高分子とはどのようなものか？　129

1 分子量の大きなものが「高分子」だ！ ─── 130
　　　天然の高分子、人工の高分子

2 高分子の種類にはどんなものがあるのか ─── 132
　　　単位分子の個数による違い
　　　化学的な分類法とは──天然か、人工か
　　　その他の高分子の分類

3 高分子のほとんどは熱可塑性高分子＝プラスチック ─── 137
　　　熱可塑性高分子の構造
　　　熱可塑性高分子の種類は無数

4 熱可塑性高分子の性質を見る ─── 143
　　　結晶性で見てみよう
　　　融ける温度が2つあるのがプラスチックの面白さ

5 熱硬化性高分子をつくる ─── 148
　　　熱可塑性は「鎖状」、熱硬化性は「網状」構造
　　　どのようにして網目構造にするのか？
　　　どう製品の形にするか
　　　熱硬化性の種類は

6 天然高分子にはどんなものがあるのか ── 152
　　　タンパク質も高分子
　　　デンプン、セルロースも高分子
　　　ＤＮＡも高分子？

第5章

有機反応が有機化合物をつくる　155

1 アルコール類を合成・発酵する方法 ── 156
　　　エタノールのさまざまな合成法
　　　アミノ酸の合成──Ｌ体だけが欲しい！
　　　石油の合成の今昔物語

2 プラスチックを合成するには ── 161
　　　高分子の立体化学
　　　ポリプロピレンを合成する

3 医薬品を選択的に合成するには ── 164
　　　アスピリンを合成する
　　　メントールを合成する

4 「細胞」を人為的につくってみる ── 168
　　　DNAは簡単に合成できる
　　　細胞膜を合成する

5 「錯体」は有機化合物？ それとも無機化合物？ ── 170
　　　「生命無機化学」という名の新ジャンル
　　　錯体を合成する
　　　配位子の種類は無数にある

高分子は社会を変えるか？ 173

1 「機能性高分子」とは人間に都合のよい高分子 —— 174
- 高吸水性高分子の吸水力
- 光硬化性高分子は光で硬化する
- 導電性高分子——有機物だって電気を通す！
- 形状記憶高分子の"記憶"のしくみ

2 環境を改良する機能性高分子 —— 182
- 生分解性高分子——長所は短所
- 汚泥を凝集させる高分子凝集剤
- イオン交換高分子が水の浄化に貢献

3 「長所＋長所」の複合材料 —— 187
- ラミネートフィルム——いいとこ取り！
- 繊維強化プラスチック——鉄筋コンクリートのようなもの
- ポリマーアロイ——長所が組み合わさる

4 カーボンファイバーは花形材料 —— 193
- 炭素繊維——日本発の高分子
- カーボンファイバーの長所
- カーボンファイバーの短所

有機化合物の宝箱、分子を超えた「超分子」　197

1 超分子と分子間力の関係を知ろう！ —— 198
分子を超えた「超分子」とは何か？
「水素結合」は最大の分子間力
すべての分子間に働く「ファンデルワールス力」
静電引力が働く「ππ相互作用」
「疎水性相互作用」は見かけ上の力
DNAの二重らせん構造は「超分子」の典型例

2 分子膜を医療に役立てる —— 205
単分子膜と二分子膜
細胞膜も二分子膜でできている
分子膜を医療に応用する

3 液晶分子も、超分子の1つ —— 211
結晶状態（固体）と液晶との間には……
液晶分子を電圧の方向に配列する

4 クラウンエーテル、カリックス…包摂化合物の可能性 —— 216
「クラウンエーテル」は金やウランを取り出す
シクロデキストリン
二種類のホストをそなえる「カリックスアレーン」
「多孔性金属錯体」は無限に広がった孔シート

5 分子機械は究極の極小マシーン！ —— 221
極小マシーンをつくる「パーツ分子」
「単位機械分子」は有機マシン？
まるで「分子でできたクルマ」！
生体への応用、アクアマテリアル

最先端の有機化合物　231

1 有機化合物でも超伝導体になれる！ ── 232
- 極低温で突如生まれる「超伝導性」とは
- 有機超伝導体を合成する
- 科学史を汚した「有機超伝導体ねつ造」事件

2 有機太陽電池の原理としくみ ── 240
- 無機の太陽電池の原理は？
- 有機の薄膜太陽電池の原理
- 有機色素増感太陽電池

3 有機ＥＬには曲げられるテレビ、面発光の照明への期待 ── 246
- テレビ画面をクルクルと巻く？
- 有機ELの発光の原理

4 有機磁性体の秘めたる可能性 ── 250
- なぜ、有機物には磁性がないのか？
- ラジカル分子を安定化させられるか？
- 「スピン相互作用」でモーメントの方向を揃える
- 有機磁性体を設計するには

未来を拓く有機化学　255

1 エネルギー問題に挑む有機化学 ── 256
　　巨大エネルギーに依存する現代社会
　　可採埋蔵量で考えると
　　新エネルギーに化学の力は不可欠だ
　　2つの再生可能エネルギー

2 生命現象をとことん解明する有機化学 ── 261
　　生命の解明にこそ「有機化学」の出番がある
　　医療での役割は
　　食料増産は化学の力で

3 21世紀の化学はどうなる ── 265
　　20世紀の化学とは何だったのか？
　　化学の発展速度が急拡大

　　索　引 ── 267

序章

有機化学は
生きた化学だ

1 「化学は暗記モノ」という誤解

　小学校の頃の「理科」というと、観察を通して自然に接し、自然を愛する心を育てようという考えがあったように記憶しています。しかし、そこには、「観察の背後に存在する自然の摂理、理論を探し出そう」とする目的まではなかったのではないでしょうか。

　それが中学校の理科になると、物理、化学、生物のような内容に分化しはじめ、それぞれの分野で自然現象を観察し、先生の説明を受けるようになります。

　「物理」は力学、電気が主でした。テコの原理、作用・反作用の法則、電気の原理といろいろと習ったはずですが、それらの大半は、日常生活で経験していることでしたから、一つひとつを実感を持って理解することができたでしょう。

　「生物」はもっと実感を伴いました。私たちの周りには犬や猫を飼っている人が多くいましたし、ハムスターを飼っていた人もいたでしょう。酪農家の方でしたら牛や馬もいたに違いありません。カエルやトカゲ、アサガオやヒマワリなどの「生物」の授業は、いわば「日常生活の延長」のようなものだったはずです。

化学って何？

　ところが「化学」ときたら、実生活と関係があるのかないのか、はっきりしなかったに違いありません。

　化学の先生は、「私たちの周りには空気という気体がある」といい

ます。けれども、空気は無色透明ですから、誰も見たことも触ったこともありません。実感を伴わないにもかかわらず、さらに「その空気は酸素が２割、窒素が８割でその２つが主成分だ」といわれても覚えるしかなく、カエルやアサガオを見てきたようには、酸素や窒素を見たり感じとったりすることはできません。

空気だけではありません。水道から流れ出る水は「水の分子という粒の集まりであり、それは水素２個と酸素１個でできていて、H_2Oという構造である」などと説明を受けても、実感を伴って理解することはないのです。

暗記シチャエって？

人間というものは、見たことも、触れたことも、匂いを嗅いだことも、食べたこともないものをクドクドと説明されても、誰も実感は湧いてきません。そんなワケのわからないものを「理解しろ！ 覚えろ！」と迫られても、それは無理というものです。

しかし、学生時代であれば試験は迫ってきます。頑張らないと落第してしまうので、この際は仕方ない、「全部、暗記してしまえ！」となっても、なんの不思議もありません。

しかし、その結果はどうでしょうか。「サイエンス」に対して多くの人が興味を持っても、化学に対しては「化学は暗記モノだ！」という烙印を押すことになるのです。

これでは「化学」を勉強しようという人が少なくなってもしかたありません。でも、本当は違うはずです。そう、化学は面白いものなのです。

2 理解すれば「化学はわかる」

　「生物」の授業を理解するためには、犬、猫、ハムスター、金魚、ニワトリ、ヘビ、カエルという「名前」を最初に知らなければ話は進みません、また、頭、心臓、血液といった言葉も皆、知っています。肉、脂肪、デンプンといえば、昼食で食べたばかりかもしれません。これらの言葉はあえて「覚える」努力は不要です。なぜなら、すでに知っている言葉だからです。

意味を理解すると自然に覚えられる

　生まれたばかりの赤ちゃんの脳は、原始的な情報回路は繋がっているのでしょうが、インプットされている情報は「本能」だけです。人間が数十万年かかって築き上げてきた「言語」情報はまだ何もインプットされていません。

　赤ちゃんは成長するにしたがって、言葉を一つひとつ脳にインプットし、覚えていきます。さらに言語を繋ぐ文法を覚え、理解し、自分の感情、考えまでも表現できるように成長していくのです。

　しかし、だからといって、「言葉は暗記だ！」と考える人はいませんし、赤ちゃんは日本語を「暗記している」という意識もありません。それと同様に、生き物の名前だって「暗記しなくっちゃ」と思って覚えたのではなく、遊んでいるなかで自然に覚えてきたものです。だから改めて暗記しなくてもよいのです。

　ところが「化学」では、扱う現象が日常的なものではないため、そ

こで使う用語が日常語の中に入っていませんでした。このため化学を勉強するときには、ある程度の用語を最初に覚える必要があるわけですが、それもそんなにマル暗記するほどのことでもありません。

　大事なのは、そのつど意味を理解し、その言葉を使っていくことで、自然と覚えていけばいいのです。化学だけがマル暗記を要求されるものでは決してありません。

"暗記化学"から抜け出す最初のカギは

　1歳すぎの幼児でも、「ママ」という言葉は覚えます。それなしでは生きていけないからです。「化学」でその言葉に相当するのが「原子」と「分子」です。原子と分子は「英語」のabcであり、「数学」の足し算です。abcがわからなければ英語の勉強のしようがありませんが、そのアルファベット26文字さえわかれば、どんなに長い単語だって紡ぎ出すことができます。数学でも、足し算がわかれば引き算を理解でき、掛け算、割り算へと発展していくこともできます。

　同様に、「原子と分子」がわかれば、それをもとにして「化学のすべて」がその先に見えてきます。本書で扱う「有機化学」だって、すべて原子と分子から成り立っているのです。

　すなわち、"暗記化学"から抜け出す第一のカギは、「原子・分子」をトコトン、自分のものにしてしまうことです。「化学アレルギー」の人は、この原子・分子をまず理解してしまうことが一番の近道なのです。すべては「原子・分子」から始まります。

　……とわかれば、さっそく原子・分子の世界から見ていくことにしましょうか。

3 すべては「原子」からできている

原子の種類は90程度しかないけれど

　化学は空気や水、鉄やアルミニウム、酸や塩基、天然ガスやプラスチックなど、実にさまざまなものを扱う分野です。これらを思い浮かべればわかるように、すべては「**物質**」です。そして、すべての物質は**原子**からできています。

　物質の種類は無限といってよいほどたくさんあります。そして、ほとんどすべての物質は「**分子**」の無数の組み合わせからできています。この分子とはどのようなものかというと、多種類の原子、多数個の原子が結合してできたものです。このため、分子にはほとんど無限個といってよいほどの種類があるのです。

　しかし、面白いことに、「無限個の分子」をつくっている原子の種類はどうかというと、わずか90種類ほどしかありません。

　すなわち、わずか90種類ほどの原子が、この広大な宇宙を構成するすべての物質をつくり上げているのです。そして、そのすべての物質の構造、性質、反応性を明らかにしようというのが「化学の目的」なのです。その意味から、「**化学は物質を扱う科学**」ということができるでしょう。

「どうなっているんだろう？」を考えるのが化学

序章 有機化学は生きた化学だ

　万物が何からできているのかというのは、文明の開闢（かいびゃく）と同時に人類が昔から抱き続けた疑問でした。

● 中国の地水火風は「固体・液体・気体・エネルギー」？

　中国では、「地・水・火・風」の４つが万物を構成するものと考えられていました。非常に抽象的で、哲学的というより宗教的な感じすらしますが、現代の化学観で見直すと、あながち荒唐無稽な話でもありません。

　「地・水・火・風」の「地」を文字通り「地面」とすれば、それは地殻、地球であり、そこには90種類すべての元素が揃っています。「水」は水ですから、地殻にも川や湖として存在し、海には大量に存在します。「風」は空気、気体と考えましょう。もちろん、酸素や窒素が含まれます。ですから、「地・水・風」で、元素は二重、三重の意味で揃ったことになります。また、「地＝固体元素」、「水＝液体元素」、「風＝気体元素」と考えることもできるでしょう。

　それでは、最後に残った「火」は何でしょうか。これこそ「エネルギー」なのです。私たちは、化学変化というと、物質の変化、構造変化ばかりを思い浮かべます。目に見えるものだからです。しかしそれは、化学変化の一面に過ぎません。

　炭（すみ）（炭素C）を燃やせば（「酸化する」ともいいます）二酸化炭素CO_2が発生し、地球温暖化に加担したと叱られます。しかし、炭を燃やして発生するのは二酸化炭素だけでしょうか。他に何かないか、考えてみてください。そうです、**熱が発生**します。熱が出れば熱くなり、熱くなればバーベキューの肉を焼くことができます。もう一つ、

23

周りが明るくなって、元気が出て、歌の一つも歌ってみたくなります。これは**光が出ている**ことを意味します。

　すなわち、**炭が燃焼すると、熱や光という「エネルギー」も放出される**のです。

　では、このエネルギーはどこから来たのでしょうか。何もないところから物は生まれません。これは化学変化というものが、実は物質の変化だけでなく、エネルギーの変化も伴って起きていることを示しているのです。

　……という具合に、さまざまなことに対して「あれ、どうなっているんだろう？ こういうことかな？」と推察し、次々に考えていくのが、実は化学なのです。「化学は暗記モノ」というのは高校時代のイメージにすぎず、本当の化学とはちょっと違うようですね。

● 「ギリシアのアトム」は現代の原子にそっくり？

　「理知」の代名詞ともいわれる古代ギリシア時代の人々の中には、古代中国の人々とは少し違うように考える人たちもいました。彼らは、「**万物はアトムからできている**」と考えたのです。

　ギリシア哲学の一派、原子論者の一人であるデモクリトスによると、アトムは「粒のようなものだ」と考えました。種類はたくさんあります。そして、すべての物質はこのアトムが結合することによって生成するのです。したがって、化学変化はアトムの離合集散で説明できることになります。

　しかも、アトムの結合は一種類だけでなく、デモクリトスによれば、AとBが結合するときにA-BになったりA*Bとなったり、あるいはA・B、A~Bとなるそうで、この四種類の物質はすべて異なるということです。

　組立模型のレゴブロックの説明を聞いているようで、わかったよう

な、わからないような気もします。

しかし、アトムを原子とすれば、これは現代化学の原子論にそっくりの考え方です。Aが横になったり、逆さになったりするのも、炭素原子が、一重結合、二重結合、三重結合と、いろいろな結合をするのに対応するといえば、いえないこともないでしょう。

現代の原子論とギリシアのアトム、決定的に違うことは？

このように考えてくると、現代化学の考える「原子」もギリシア原子論者の「アトム」と相応するところがあります。しかし、決定的に違うところがあります。それは実証性の違いです。

●一言でいえば「唯念論と唯物論」の違い

ギリシア人の原子論は、いわば「思想」です。金持ちの家に食客として入りびたり、思索妄想した結果、アタマに浮かんだものといえます。アトムが実際に存在するかどうか、それは彼らの眼中にはありません。彼らは手や体を動かすことを軽蔑しました。このため、アトムが存在するかどうかを「実験」で確かめようなどという考えは決して浮かびません。

頭の中で考えを組み立て、その論理に矛盾がなければ正論とされたのです。しかし、それは何の実証も伴わないので、観念論といえます。

それに対して現代の原子論は唯物論によるものです。すべては自然によって、要するに実験によって証明されなければなりません。説明や理論はその後です。極端にいえば、自然界の事実をもっともらしく説明するもの、それが理論なのです。ですから、実験事実は未来永劫変わることはありませんが、しかし理論は次々にとっかえひっかえ出

てきます。

● フワフワ電子雲の変化こそ、化学変化だ

　現代の原子論は、すべて実験によって確認された事実に基づくものです。それによれば原子は雲のように**フワフワした電子雲**と、その中心にある小さくて重い（密度が大きい）原子核からできています。電子雲は**−1に荷電した電子**（記号e）が何個か集まったものです。それに対して原子核はプラスに荷電しています。

　しかし、電子雲の電荷と原子核の電荷の絶対値は等しいので、原子は全体として電気的に中性です。

■ 0-1　フワフワの電子雲は「−」、原子核は「＋」

　原子核と原子の直径は大きく異なり、その比はおよそ1：10000です。ということは、原子核の直径を1cmとすれば、原子の直径は100mということになります。しかし原子の全質量の99.9％以上は小さな原子核のほうにあります。電子雲は体積だけ広くて、質量は0に近いという、幻のようなものです。

　それだけに、両者の持つエネルギーにも大きな違いがあります。原子核が行なう反応は原子核反応であり、生み出すエネルギーは原子爆弾、水素爆弾、原子炉の基です。恐ろしく大きいのです。

　それに対して、**電子雲のフワフワと頼りない反応こそ、本書がこれからずっと見ていく化学反応**です。化学反応が生み出すエネルギーは、燃焼熱程度のささやかなものに過ぎません。

4 原子は結合して分子をつくる

結合電子をノリとして結合する

　電子雲の特徴は、雲のように形を自在に変えることができることです。周囲に何もないときの原子は球形です。しかし、周囲に他の原子が接近し、電位などの影響を受けると電子雲は変形します。それだけでなく、ときには電子雲を構成する電子を放出したり、逆に電子を受け取ったりします。

　電子を放出すれば、マイナスの電荷が減るので原子全体ではプラスに荷電します。このようなものを**陽イオン**といいます。反対に電子を受け取ればマイナスが増えます。それを**陰イオン**といいます。

　このような、**電子雲の変形の結果生じるのが化学結合**なのです。化学結合には多くの種類がありますが、本書のテーマである有機化学に出てくる結合は、そのほとんどすべてが「**共有結合**」です。

　有機化合物は実に千変万化、独創的な形をしていて「化学の中でも覚えることが多い、暗記科目の最たる物だ！」と評判が著しく悪いのですが、それも共有結合によるものです。悪評の原因がわかれば対策も見えてきます。共有結合について理解すれば有機化合物についての理解も進むと考えてよいでしょう。

　共有結合というのは、結合する2個の原子が互いに1個ずつの電子を出し合い、それを結合電子（雲）として互いに共有することで成立する結合のことです。その概念図を次に示しました。

原子核はプラスに荷電し、電子はマイナスに荷電しています。したがって、2個の原子核が近づいて分子をつくろうとしても、原子核のプラス電荷の間に**クーロン力**と呼ばれる反発力が生じ、なかなか近寄ることはできません。

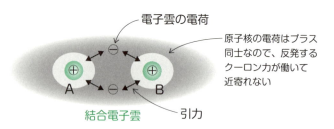

■ 0-2　原子核は「＋同士」のため反発する

■ 0-3　反発する2つの原子核を結合電子雲がとりもつ

しかし、この原子核の間に結合電子雲が入ると、電子と原子核の間にクーロン引力が発生します。このようにして、結合電子をノリとして結合するのです。

共有結合では結合電子雲は、結合する2個の原子を結んだ線、結合軸に沿って紡錘形になって存在します。

有機化合物と有機分子とは同じものだった！

ところで、複数の原子が互いに結合することによってつくり出した

ものを「**分子**」といいます。ちなみに、「つくり出したもの」ではあいまいなので、「**構造体**」と呼ぶこともあります。

水素H_2、酸素O_2、オゾンO_3、水H_2O、メタンCH_4、エタノールCH_3CH_2OHなど、すべて分子です。

この6個の分子をもう一度見てください。

H_2、O_2、O_3、H_2O、CH_4、CH_3CH_2OH

よく見てみると、一種類の原子だけでできた分子もありますね。

H_2、O_2、O_3がそれで、このような分子のことを特に「**単体**」と呼ぶことがあります。

●**単体**……H_2、O_2、O_3

それに対して二種類以上の原子からできた分子もあります。

H_2O、CH_4、CH_3CH_2OHなどのことで、これを「**化合物**」といいます。化合物とは、いわば「分子の一部分」なのです。

●**化合物**……H_2O、CH_4、CH_3CH_2OH

このため、「有機化合物」といったり、「有機分子」といったりと用語が不統一な点があるのは、「化合物＝分子の一部分」という事情から来ているのです。

ということで、有機化合物でも有機分子でも、どちらの言い方でもかまいません。細かいことには気を使わないほうが賢明です。なぜなら、気を使うべきことは他にたくさんあるからです。

最近注目されているのは、構造体である分子がさらに結合してできた高次構造体で、「分子を超えた分子」ということで、一般に**超分子**と呼ばれています。超分子は、ヘモグロビン、DNAなど、生体の中にたくさんあります。また、最近では1個の分子がそのまま1個の機械になるという、**一分子マシン**としても超分子は注目されています。これらのことも、あとの章で触れていくことにしましょう。

5 有機化学は産業に直結する「有益な化学」

現代の生活を支える有機合成反応

　有機化合物の大きな特徴を一口でいうと、私なら「反応しやすい」という点を挙げます。有機化合物は自分一人で反応して、別な化合物に勝手に変貌します。あるいは他の分子と反応し、合体して別の化合物に変化します。さらには自分の一部を放出して別の化合物に変化します。このように有機化合物は変幻自在です。

　しかも、このような変化を起こす際、有機化合物は過酷な条件など要求はしません。多くの反応は100℃以下の温度で進行しますし、常温で進行する反応だっていくらでもあります。

　有機化合物が反応しやすいということは、その反応を利用して我々の生活に役立つ化学物質をつくることができるということです。**有機合成反応**です。これを大規模にしたのが有機化学工業であり、それを営利活動に結びつけたのが有機化学産業です。

　有機化学産業の産物はいくらでもあります。というより、私たちの身の周りを見渡して目に入るものは、家族とペット（動物）と金属、陶磁器、ガラスを除けば、ことごとく「有機化学産業の産物である」といってよいでしょう。

　もしかしたらガラスや陶磁器に見える物もプラスチックかもしれません。プラスチックは典型的な有機化学産業の産物なのです。有機化合物というと「生き物に関係する物」と思い込んでいる人もいます

が、プラスチックは代表的な有機化合物です。これはしっかりと覚えておいてください。

　さて、医薬品、洗剤、殺虫剤、消臭剤、果ては食品の甘味料、香料、着色剤、保存剤……。これらもすべて有機化学産業の産物です。

　どんな時代にも、現代ほど家庭にこれほどの化学薬品が存在したことはありません。夏になればハエや蚊が飛び回るのが当然でしたし、時間の経った食品にはカビが生えたり、腐ったりしたものです。

　有機化学産業は私たちの生活から季節感を奪った面もあるかもしれませんが、有機化学産業でつくる液晶テレビ、有機ELテレビなどは私たちに、行ったこともない地方の折々の四季を見せてくれます。

有機化学産業は時代の鏡

　有機化学産業は時代とともに変化します。明治、大正期には合成医薬品はほとんどありませんでした。ナイロンを皮切りにしてプラスチックが登場したのは1950年代に入ってからです。液晶がテレビやスマートフォンとして家庭に入ってきたのは、ここ20～30年のことです。

　このような有機化学産業の産物が入るにつれて、私たちの生活スタイルは一変しました。これから10年後、20年後、生活や社会は有機化学によって、さらに変化しているに違いありません。

　というのも、有機化学の研究は日を追うごとに進歩しているからです。さらに、有機化学産業はその進歩をすかさず取り入れ、同時進行的に進化しています。

　有機化学はまさしく生きて動いている科学なのです。有機化学者ですら、ウッカリしていると進歩に取り残されます。最近の有機化学の進歩の速度はまさに目を見張るものがあるからです。

では、次からいよいよ有機化学の世界に一歩ずつ入っていくことにしましょう。その場合も「暗記する」のではなく、「なぜそうなっているのだろう」と考え、推測することが理解を深めることになります。ぜひ、本書を通じて「暗記化学」から抜け出していただけることを願います。

第1章
有機化合物ってどんな形をしている？

　有機化学の本を開くと、面白そうな図形がいろいろと書いてあります。最も目を引くのは六角形ではないでしょうか。次に多いのは三角形でしょう。これが何個も繋がったり、合わさったりしていることもあります。折れ曲がった直線はいたるところにあります。そのところどころに「O」や「N」という記号がついていることもあります。
　それらが有機分子だろうと推測できても、なぜ、原子が結合してつくる分子が六角形になったり三角形になったり、折れ線になったりするのでしょうか。不思議ですね。

1 有機物と無機物って何がどう違うのか

　序章では、分子と化合物の違いを説明しました。**「有機物」**という言葉は有機分子、有機化合物をまとめたものとして使われます。有機物にはさらに広い意味があり、有機化合物の集合体、すなわち、何種類もの有機分子が集まったものを指すこともあります。

有機化合物と無機化合物の違い

　化学の教科書を開くと、「化合物は有機化合物と無機化合物に分けることができる」とあります。それではあなたに質問です。有機化合物とは何なのでしょうか。

●有機化合物は「生命由来」のもの？
　意味がわかりにくいときには、英語の語源を調べてみると、案外、本質に早く辿りつけることがあります。
　有機化合物も同じです。これは英語でOrganic Compoundsといいます。Organicの語源であるOrganは動物の器官、内臓などを意味します。これからわかるように、有機化合物とは、動物や植物などの生体に関係した化合物を指す言葉だったのです。
　このような化合物としては、タンパク質、糖類、脂質、ホルモン、ビタミン、さらにはDNAやRNAの核酸などもあります。その特徴は何でしょうか。これらを見ていくと、分子内に炭素原子Cと水素原子Hを含む、という共通の特徴が見られます。ということは、「炭素原

子Cや水素原子Hを含む生体化合物」が有機化合物でしょうか。

近いけれども、少し違っています。有機化学が進歩してくると、生体関係以外の化合物を主に扱うようになってきたからです。

いまでは、有機化合物とは**「炭素を含む化合物のうち、一酸化炭素や二酸化炭素のように簡単な構造の化合物を除いたもの」**と考えられています。生体に必ずしも関係する必要はありません。したがって、各種の合成医薬品や洗剤、殺虫剤はもちろん、合成樹脂（プラスチックのことです）や合成繊維も有機化合物の中に入ります。

問題は、炭素だけでできた分子の扱いです。ダイヤモンドや、グラファイト（黒鉛）は炭素だけでできた物質です。炭素だけでできているので化合物とはいえません。それだけではありません。現代ではフラーレン、カーボンナノチューブなど、炭素クラスターと呼ばれる、炭素だけでできた一群の化合物が知られています。

ノーベル賞受賞研究の対象にもなったこれらの分子は、現代化学に無くてはならない一大勢力に成長しています。これらを有機化合物というのかどうか。さすがにダイヤモンド、グラファイトを有機化合物という人はいないでしょう。

しかしフラーレンやカーボンナノチューブに関しては臨機応変です。「臨機応変」というのは、有機化学的な研究の対象になったときには有機化合物として考え、無機化学研究の対象になったときには無機物と考え、ということです。つまり、そのような分類を気にしない、といったほうが正しいでしょう。

● **有機化合物をつくるもの**

以上のことからわかるように、有機化合物を構成する元素の主たるものは炭素Cです。次に多いのが水素Hでしょう。酸素O、窒素N、なども生体関係でよく含まれています。硫黄Sはタンパク質に含まれ

35

ることがありますし、リンPは遺伝を司(つかさど)るDNAやエネルギー貯蔵物質であるATP、あるいは細胞膜を構成するリン脂質など、生命活動の中枢にいる分子に含まれます。しかし、主な元素はそれぐらいです。

このように、構成原子の種類が少ないことは有機化合物の大きな特徴です。

● 無機化合物は「無生物」？

有機化合物に対して、その対極にある「無機化合物とは何か」というと、答えは簡単です。少しダマされたような感覚に陥るかもしれませんが、「有機化合物以外のすべての化合物」が無機化合物です。

無機化合物を構成する原子とは、どのような原子でしょうか。有機化合物の場合は「炭素C、水素H」と明瞭な答えが返ってきましたが、無機化合物の場合は「すべての原子」が答えです。炭素も水素も、金属原子も非金属原子も、放射性原子も、すべてが無機化合物の構成要素となりえます。

このように、扱う原子の種類が多いことも無機化学の魅力の一つということができるでしょう。

無機物から有機物は発生しない？

18世紀、有機化合物が生物由来の化合物に限定されていた頃は、有機化合物と無機化合物はまったく異なるものと考えられていました。すなわち、有機化合物をつくるのは神聖な生命体だけであり、非生命体である無機化合物から有機化合物が発生することなどはありえない話だ、と考えられていました。石ころから生命は生まれない、ということです。

●常識を覆したユーリー・ミラーの実験

　この常識を覆す科学者が現れました。アメリカの二人の化学者、ユーリーとミラーです。1953年のことでした。彼らはロシア（当時はソ連）の生化学者であるオパーリンの学説に大きな刺激を受け、画期的な実験を行ないました。その実験とは、次のようなものです。

　まず、殺菌したガラス管にメタンCH_4、水素H_2、アンモニアNH_3を入れます。この混合気体を、水蒸気でガラスチューブ内を循環させます。そしてこの管内で放電（6万ボルト）を断続的に行なうというものです。

　その結果、実験開始から1週間後に、ガラス管内の水中にアミノ酸が確認されました。その1週間の間に、アルデヒドや青酸などが発生し、アミノ酸の生成に寄与したと考えられています。この実験は二人の名前をとって「**ユーリー・ミラーの実験**」と呼ばれ、科学史に残る実験として有名です。

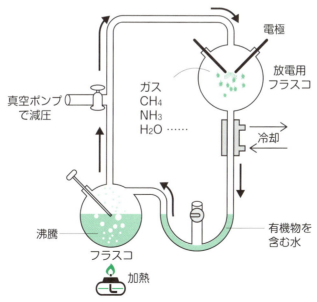

■ 1-1-1　ユーリー・ミラーの実験装置

●ユーリー・ミラーの実験で何がわかった？

　この実験の意義は、メタン、水素、アンモニアという、いずれも生命体と無関係の無機物を使ってアミノ酸をつくり出したことです。アミノ酸というのは、生命体を構成する中枢物質であるタンパク質の構成分子だったからです。

　当時は、いわば「非生命体から生命体をつくった」という非常にインパクトのある仕事でした。この実験を契機に、当時の有機化合物と無機化合物の境界、つまり「絶対不可侵と考えられた境界」が崩れ去っていったのです。

　現在ではアミノ酸どころか、タンパク質、さらにはDNA、RNA等、構造のわかっている化合物は、生命体由来であろうとなかろうと、すべて人為的に合成できるまでになっています。

2 有機物がいろいろな形をとる理由は何か

　先に見たように、有機化合物は実に様々な形をとっています。しかし、これは有機化合物が好きこのんでこのような個性的で奇抜な形をとっているのかというと、そうではありません。例え自分の好みでなくても、「浮き世のシガラミ」によってこのような形をとっているのです。それでは「浮き世のシガラミ」とはなんでしょうか。それを考えてみましょう。

共有結合が形を決める

　有機化合物の独創的な形は、彼らが奇をてらった結果ではありません。あくまでも、有機化合物が「**共有結合**」によって構成原子を組み立てていることによる必然的な結果なのです。

　したがって、有機分子の形を理解しようとするなら、共有結合の理解が必要になるわけです。さらに、炭素原子の電子状態の理解も必要です。なぜなら、炭素原子は共有結合をする時に混成状態という特殊な状態になり、混成軌道という特殊な軌道に入った電子を用いて結合するからです。

　つまり、有機化合物の形を真に理解するためには、共有結合と混成軌道の2つを理解することが必須です。

　しかし、これを徹底して理解するのはかなり至難の業です。そこで、ここでは簡略化して、原子の握手モデルでお話しすることにしましょう。これはわかりやすい喩えですが、あくまでも喩えに過ぎませ

んので、この喩えで面白いと思った方は、ぜひとも専門書にもチャレンジなさることをお勧めします。

原子は握手をして結合する

● 炭素原子はレゴブロックである

　さて、共有結合によって、どのように原子が組み立てられているか、それを見ていきましょう。

　「レゴブロック」という玩具をご存じでしょうか。プラスチック製の小さい模型で、突起のような「結合手(しゅ)」が付いています。その結合手を組み合わせることで、レゴブロックを「結合」することができます。このレゴブロックを使って、簡単なものは正方形や立方体から、複雑なものでは自動車、ロボット、五重の塔、お城など、アイデア次第でどのような立体でも組み立てることができます。

　炭素原子は、このレゴブロックの「単位パーツ」に見立てることができるのです。この喩えに従えば、炭素原子は三種のレゴに見立てることができます。

● 炭素レゴの種類

　炭素原子のレゴは以下のものです。

　①**1個の炭素からできたレゴ**……**炭素のレゴには4本の結合手**が出ており、その角度は海岸にある波消しブロック（いわゆるテトラポッド）と同じです。テトラ（4を表すギリシア語の数詞）ポッド（脚）は4本の脚を持ち、その間の角度は109.5度です。そして、4本の脚の頂点を結んだ立体形は、4枚の正三角形からできた正四面体です。

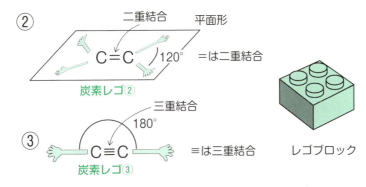

■ 1-2-1　炭素レゴの結合手は4本ある

　この「正四面体」と「109.5度」は、今後本書の全編を通じて出てくる重要なキーワードですから、ぜひ覚えておいてください。

　②2個の炭素からできたレゴ……形は平面形です。レゴ全体として結合に使うことのできる結合手は4本あります。そしてすべての角度は120度になっています。

　重要なのはC-C間の結合が二重の結合になっているということです。二重結合とは、2個の炭素が互いに2本ずつの結合手で握手をした結合のことです。

　③2個の炭素からできたレゴ……②と同様、2個の炭素からできていますが、C-C間は三重結合になっているため、結合手は2本です。角度は180度です。三重結合とは、2個の炭素が互いに3本ずつの結合手で握手をした結合のことです。

3 代表的な有機化合物の形

　レゴブロックで感覚的に理解できたと思いますので、次に実際の有機化合物の形を見てみましょう。
　有機化合物の基本は、**炭素と水素だけからできた化合物**です。これを一般に「**炭化水素**」といいます。炭化水素には、
　①一重結合だけでできた「**飽和炭化水素**」
　②二重結合や三重結合を含んだ「**不飽和炭化水素**」
　③ベンゼン環といわれる六角形（六員環）の「**芳香族化合物**」
があります。それぞれの代表的なものの構造を見てみましょう。

飽和炭化水素の構造

　まず①の飽和炭化水素というのは、すべての炭化水素の基本で、**アルカン**（一重結合だけでできた鎖状炭化水素）とも呼ばれます。この飽和炭化水素の構造はどのようになっているのでしょうか。

● メタン CH_4 の構造を知るには
　メタンは1個の炭素原子と4個の水素原子からできているので CH_4 と表現されます。このように、分子を構成する原子の種類と個数を表した式、記号を**分子式**といいます。しかし、分子式をいくら穴があくほど見ても、分子の構造は少しもわかりませんね。
　それに対して、分子を構成する原子の結合状態がわかるように書いた式を**構造式**といいます。

メタンの炭素は炭素レゴブロック①（前項の図1-2-1）を使っています。炭素の4本の結合手に水素（結合手は1本）を結合させたものがメタンです。したがってメタンの形はテトラポッドにそっくりであり、結合角度は109.5度です。なお、平面の紙に立体の化学構造を表すには、図のような約束で表記します。

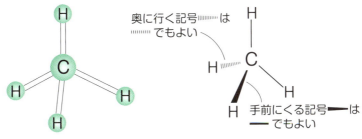

■ 1-3-1　構造式（立体）の書き方

メタンは最も小さくて簡単な有機化合物ですが、すべての有機化合物の結合、構造の基本になるものであり、その意味で非常に重要な化合物です。

メタンは日常生活でも大切な化合物です。というのは、メタンは天然ガスの主成分であり、家庭に来る都市ガスでもあるからです。最近、メタンハイドレートやシェールガスという名前をよく聞きますが、これも主体はメタンです。

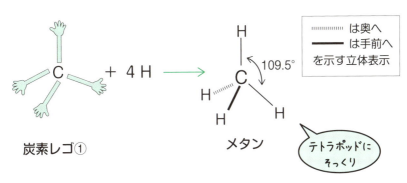

■ 1-3-2　炭素レゴに4つのHを付ける

●メタンの重さ

　ここで「分子の重さ」について考えてみましょう。分子を目で見ることはできませんが、物質ですから有限の質量と体積を持っています。分子の重さがわかると、いろいろなことが見えてきます。

　分子の重さは「**分子量**」という指標を使って表現します。ところで分子は原子からできていますから、分子の重さを知る前に「原子の重さ」を知らなければなりません。

　原子の重さは「**原子量**」という指標で表されます。原子量は原子の相対的な重さと考えることができます。最も軽いものは水素で原子量1、最も重いのはウランUで238です。

　分子量は、その分子を構成する全原子の原子量の総和です。したがって、水H_2Oの分子量は$1 \times 2 + 16 = 18$となります。メタンCH_4は$12 + 1 \times 4 = 16$となります。

　空気の分子量を考えてみましょう。空気は単一の分子ではありませんが、酸素と窒素の1：4混合物として平均分子量を考えることができます。すると酸素分子、窒素分子の分子量はそれぞれ32、28ですから、空気の平均分子量は$(32 + 28 \times 4) \div 5 = 28.8$となります。

　メタンの分子量16と空気の分子量28.8を比べてください。メタンのほうが小さいですね。これはどういうことを意味しているでしょうか。そうです、「メタンは空気より軽い」ということであり、もし空気中にメタンガスを放出したら、メタンは上空に逃げていくことを意味します。逆であれば、下にガスが溜まります。

　気体燃料としてプロパンガス（LPガス）がよく使われています。プロパンの分子式はC_3H_8であり、計算すると、$(12 \times 3 + 1 \times 8) = 44$で、分子量は44となります。すなわち、プロパンガスは空気28.8よりも重いのです。

　ということは、もし、室内にプロパンガスが漏れ出したら、プロパ

ンガスは室内の下部から溜まっていくのです。窓を開けても、窓から下に溜まったプロパンガスは出ていきません。この状態でタバコの火が引火したら爆発してしまいます。

● エタン H₃C-CH₃の構造

炭素2個からできた飽和炭化水素を「**エタン**」といいます。エタンの構造はメタンを基にして考えることができます。すなわちメタンから水素1個を取り除きます。このようにしてできた-CH₃を特に**メチル基**、あるいは**メチルラジカル**といいます。「-」は空いた結合手を意味します。ラジカルは日本語で**遊離基**ともいいます。反応性に激しく不安定です。

■ 1-3-3 メタンからHを1つ取り去ると不安定なメチルラジカルに

このメチル基にレゴブロックの①を付け、すべての結合手に水素を付ければ出来上がりです。あるいは図1-3-4のように、「2個のメチル基を結合した」と考えても結構です。したがって、エタンのすべての結合角度はメタンと同じ109.5度です。

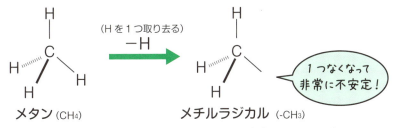

■ 1-3-4 2つのメチルでエタンに変身する

エタンのC-C結合を形成する結合電子雲は、序章でも見たように、両炭素を結ぶ結合軸に沿って紡錘形に存在します。このような結合を特に**σ（シグマ）結合**といい、この電子雲を**σ結合電子雲**といいます。

H₃C ……………… CH₃ …… 結合軸

σ結合電子雲（紡錘形）

■ 1-3-5　C-C結合をつくるσ結合電子雲

エタンC_2H_6から水素を1個取り除き、空いた手にメチル基-CH_3を結合させると、上で見たプロパンC_3H_8となります。このようなことを次々に繰り返すと、いくらでも長い炭化水素をつくることができます。究極は炭素が1万個以上も並んだポリエチレンです。つまり、ポリエチレンはメタンの仲間なのです。

■ 1-3-6　エタンからプロパンへ

● 異性体

炭素数4個のアルカン（一重結合だけでできた鎖状炭化水素）、すなわち分子式C_4H_{10}の化合物の構造式を考えてみましょう。すると図1-3-7のA、Bの二種類があることがわかります。AとBは構造式が異なりますから、互いにまったく異なった化合物です。

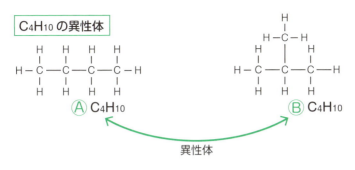

■ 1-3-7 同じC₄H₁₀にも二種類ある

分子式	異性体の個数
C₄H₁₀	2
C₅H₁₂	3
C₁₀H₂₂	75
C₁₅H₃₂	4,347
C₂₀H₄₂	366,319

■ 1-3-8 異性体の数は炭素数が多くなると急増する

　このように、分子式が同じで構造式の異なったものを互いに「**異性体**」といいます。アルカンの異性体は、表（図1-3-8）に示したように、炭素数が多くなると爆発的に増加します。有機化合物の種類が多いのは異性体の種類が多いことに原因があります。

不飽和炭化水素の構造

　一重結合だけでできたものを「**飽和炭化水素**」といいましたが、実は、有機化合物の多くは「**二重結合**」を持っています。この二重結合を持っているものを飽和炭化水素に対して「**不飽和炭化水素**」と呼んでいましたね。

生体関連物質はほとんどすべてが二重結合を持っているといってよいでしょう。また、人工的につくった各種の化合物もほとんどすべてが二重結合を持っています。そのような不飽和化合物の構造を見てみましょう。

●エチレン H₂C=CH₂ の構造

二重結合を1個持った炭化水素のことを「**アルケン**」、あるいは「**オレフィン**」といいます。アルケンの典型で、最も小さくて簡単な構造の分子がエチレンです。

エチレンは炭素レゴブロックの②（図1-2-1）を用います。レゴの持つ4本の結合手に4個の水素原子を付ければエチレンの出来上がりです。したがってエチレンは平面形の分子であり、結合角度はすべて120度です。

変わっているのはエチレンの結合電子雲で、実は二種類あるのです。一種はエタンのC-C結合電子雲と同じもので、つまり**σ結合電子雲**というものです。

もう一種はπ（**パイ**）**結合電子雲**であり、これはエチレン分子面の上下に2本分かれて存在します。エチレンのC-C結合はこのようにσ結合とπ結合によって二重に結合しているので、二重結合といわれるのです。

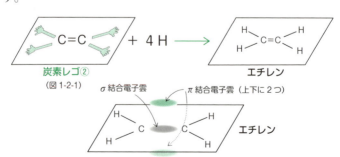

■ 1-3-9 エチレンの電子結合雲には二種類ある

二重結合の重要な性質はなんでしょうか。それは「回転できない」ということです。たしかにこの結合を回転させたら、2本のπ電子雲がねじれて切れてしまいます。したがって、下図の分子Ⓐ とⒷ は、分子式は共に $C_2X_2Y_2$ で同じですが、構造式が違い、互いに異なった化合物です。したがってⒶとⒷも互いに異性体ということになります。

異性体
ⒶもⒷも $C_2X_2Y_2$ だが、
XとYの付いている位置が違う

■ 1-3-10　分子式は同じでも、構造(式)が違う

　エチレンはこのように小さくて簡単な構造の分子ですが、植物には大きな影響を持っています。意外かもしれませんが、エチレンは植物の熟成ホルモンなのです。まだ熟していない青い果実も、エチレンガスを吸収すると熟して黄色くなり、赤くなります。

　バナナは熟すと害虫が付いてしまうので、海外からの完熟バナナの輸入は禁止されています。昔は船便でしたから、輸送の間に追熟されましたが、現在は航空便で熟すだけの時間がありません。そこでエチレンガスを用いてバナナを強制的に追熟させています。

　リンゴやトマトは自身が熟するときにエチレンを放出します。したがって未熟な果実とリンゴを1つのポリエチレンの袋に入れておくと、未熟の果実を速く追熟させることができます。

● アセチレンは三重結合

　アセチレンは三重結合を持つ有機化合物の典型です。炭素レゴブロ

ックの③（図1-2-1）に2個の水素原子を結合させれば出来上がりです。したがって4個の原子が一直線に並んだ分子です。

$$C \equiv C + 2H \longrightarrow H-C \equiv C-H$$
炭素レゴ③　　　　　　　　　　　　　アセチレン

■ 1-3-11　アセチレンは一直線の構造をしている

変わっているのはC-C結合電子雲です。これはエチレンの二重結合電子雲に、もう一組のπ結合電子雲を加えたもので、中央のσ結合電子雲を取り囲むように4本のπ結合電子雲が並びます。

横から見た図　　H—C　C—H　→　H—C　C—H

Hの側から見た図　　H　←π結合　→　CH

■ 1-3-12　4つの電子雲がC-Cを取り囲む

このようにアセチレンは1本のσ結合と2本のπ結合によって三重に結合しているので、「**三重結合**」と呼ばれます。しかし、この4本のπ結合電子雲は互いに流れ寄って円筒状になるといわれています。

アセチレンは「無機物から有機物を得る」という反応の結果としても見ることができます。かんたんな実験ですが、カーバイドCaC_2に水を加えると、アセチレンが発生します。

$$CaC_2 + H_2O \longrightarrow CaO + C_2H_2$$

カーバイドは、炭素とカルシウムの化合した無機物のことですから、この反応は「無機物→有機物」を得る反応ということができます。これが、「石油は地中の無機反応によって生成した」という石油

無機起源説の論拠の一つにもなっているのです。

共役化合物の結合

不飽和結合の一種として、二重結合と一重結合が交互に並んだ結合があります。これを特に「**共役二重結合**」といい、この結合を持つ化合物を一般に共役化合物といいます。

先に、「天然物や有用な機能を持つ化合物には、二重結合を持つ物が多い」といいましたが、実はそのような化合物の多くが、この共役化合物と呼ばれるものなのです。共役化合物の結合がどのようなものなのか、その典型である「**ブタジエン C_4H_6**」で見てみましょう。

ブタジエンの構造は、形式的には2個の二重結合した炭素レゴブロックが結合し、空いている結合手に6個の水素が結合したものです。

問題はπ結合電子雲です。π結合電子雲は各炭素のレゴブロック②の上に存在すると思われます。すると炭素 C_1-C_2 間と C_3-C_4 間にはπ電子雲がありますが、C_2-C_3 間にはないように思われます。ところが、ブタジエンのπ電子雲は C_1 から C_4 までひと繋がりになっており、その結果、C_2-C_3 間にもπ電子雲が存在するのです。このような

ブタジエン C_4H_6 の構造

■ 1-3-13 ブタジエンの構造を分解してみると

π電子雲を特に「**非局在π電子雲**」といいます。非常に難しげな名前ですが、重要な役割を持っていますので覚えておきましょう。

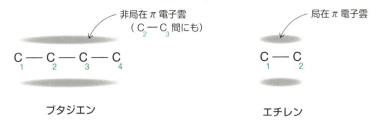

■ 1-3-14 　C_2-C_3間にも存在するのが「非局在π電子雲」

　共役化合物の最大の特徴は、このように分子の端から端までひと繋がりになったπ電子雲が存在することです。これは、この長いπ電子雲のどこかに刺激が加わると、その刺激はπ電子雲のネットワークを通じて、直ちに分子の他の部分に伝わることを意味します。すなわち非局在π電子雲は分子の神経網であり、情報のネットワークなのです。

　現代に生きる私たちからケータイやパソコンが無くなったらどうなるでしょうか。共役化合物と、それ以外の化合物の違いはこのような違いに相当するのです。多様な機能を持った化合物が、共役系化合物にほとんど限られる理由がおわかりいただけたと思います。

芳香族化合物の結合

　環状化合物で共役系を持った化合物の中に、「**芳香族化合物**」といわれる一群の化合物があります。「芳香」族とはいいますが、「良い香り」とは関係がありません。

　芳香族化合物には多くの種類がありますが、典型は**ベンゼン**C_6H_6です。ベンゼンの構造は、二重結合の炭素レゴブロックを環状に3つ

連結し、余った6本の結合手に6個の水素を結合したものです。したがって分子は平面形であり、炭素環は正六角形です。

■ 1-3-15　芳香族化合物をつくる　ひと繋がり

π電子雲は共役系のπ電子雲になりますから、ドーナツのような環状になります。この環状π電子雲が炭素環を上下からサンドイッチした構造、それが**ベンゼン**の構造です。

芳香族化合物は一般に構造が剛直であり、安定で反応性が低いです。しかし独特の非局在π結合を持っているため、他の非局在π結合系と連結して非局在π結合系を拡張することができます。そのため、天然物、合成化合物を問わず、多くの有機化合物に部分構造として組み込まれています。

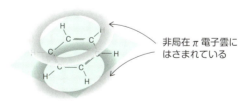

■ 1-3-16　ベンゼンの構造はサンドイッチ型

4 分子はプラスの部分とマイナスの部分を持っている

　共有結合は電気的に中性であると思いがちですが、決してそうではありません。共有結合にも電気的にプラスの部分とマイナスの部分が生じることがあります。

結合電子雲と電気陰性度

●電気陰性度とは何か

　原子には電子を引き付けてマイナスになる傾向のものと、反対に電子を放出してプラスになる傾向のものがあります。このような傾向を表す指標に「**電気陰性度**」があります。電気陰性度の大きい原子ほどマイナスになる傾向が強いことを表します。

　図1-4-1に電気陰性度を周期表に倣って示しました。周期表の右上に行くほど（フッ素F）大きくなることがわかります。電気陰性度は有機化合物の性質、反応性を考える時に非常に役に立つ指標です。

フッ素が一番強い

H 2.1							He
Li 1.0	Be 1.5	B 2.0	C 2.5	N 3.0	O 3.5	F 4.0	Ne
Na 0.9	Mg 1.2	Al 1.5	Si 1.8	P 2.1	S 2.5	Cl 3.0	Ar
K 0.8	Ca 1.0	Ga 1.3	Ge 1.8	As 2.0	Se 2.4	Br 2.8	Xe

■ 1-4-1　電気陰性度とは原子が電子を引き付ける度合のこと

● 結合のイオン性

　図1-4-2は、水素分子H₂とフッ素分子F₂の結合電子雲を模式的に表したものです。両者とも、結合電子雲は左右対称です。

　ところがフッ化水素分子HFでは事情が異なります。すなわち、電気陰性度は前ページの図1-4-1よりH＝2.1、F＝4.0でFのほうがはるかに大きいのです。したがって、結合電子雲はFのほうに引っ張られ、結合電子雲の形は非対称になります。この結果、**電子雲が多くなったFは負に帯電し、反対にHは正に帯電する**ことになります。すなわち、Fはマイナスに、Hはプラスになるのです。このような現象を一般に「**結合分極**」といいます。

　この状態を「**部分電荷記号δ（デルタの小文字）**」というものを使って表します。このように、中性の分子でありながら、部分的に電荷を持つ分子のことを「**極性分子**」といいます。

　有機化合物に関係した結合で、結合分極を持つものを図1-4-2に示

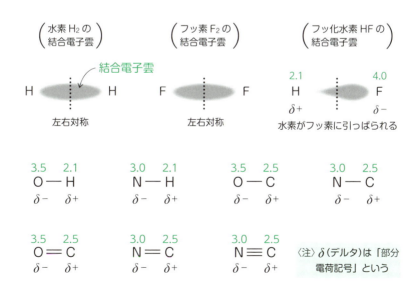

■ 1-4-2　電気陰性度で引っぱり合い

しました。このような結合の分極が有機化合物の物性と反応性に大きな影響を及ぼすのです。

分子間に働く「水素結合」

極性分子の典型は水 H_2O です。酸素の電気陰性度は 3.5 なので、O-H 結合の電子は電気陰性度の強い酸素 O のほうに水素 H が引っ張られ、O がマイナス、H がプラスに帯電します。このような水分子が 2 個近づくと、互いの O と H の間に静電引力が発生します。これを「**水素結合**」といいます。

水素結合は 2 分子間にとどまりません。多くの水分子が水素結合によって結合し、大きな集団ができます。これを「**クラスター**」、または「**会合体**」といいます。液体状態の水はこのようなクラスターの集団なのです。

水素結合は生体中の有機分子の立体構造、反応性に大きな影響を与えます。例えば DNA が二重らせん構造をつくるのも、タンパク質が固有の立体構造をとるのも、また、酵素の特有の選択性も、すべては水素結合の働きによるものなのです。

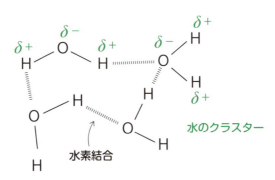

■ 1-4-3　水は水素結合によるクラスターの集合体

5 構造式を簡単に表示する方法

　ここまでに見てきたように、有機化合物の種類は無限といってよいほどたくさんあります。当然、その構造もメタンのように単純なものから、ある種の天然毒素のように非常に複雑なものまで、まさしく多種多様です。

　このような多様な有機化合物の構造を表す**構造式**は、複雑な有機化合物の構造を「わかりやすく、誤解のないように表現するもの」でなければなりません。そのためには、単にていねいなだけでは済まない事情があります。

　次ページの表は、このような有機化合物の構造式の表示法をまとめたものです。カラム1の構造式は、すべての元素記号と結合を表示したものです。その意味でていねいで、親切に書いたものといえるでしょう。しかし、ちょっと複雑な構造になると水素Hが重なって書きづらく、見づらくなります。

　そこで少し工夫されたのがカラム2の構造式です。ここではCH_2を単位として表現されています。カラム1の構造式に比べれば、かなり見やすく、わかりやすくなっています。しかし、これでもケージ（籠）状の化合物など、立体的で複雑な化合物では表現が大変になります。

　そこで、さらに考案されたのがカラム3の表現法です。これは、現在最も多用されている表現法です。ここには元素記号が見えません。あるのは折れ曲がった直線、三角形、六角形などの多角形だけです。いったい、このような図形で有機化合物の構造を表現できるのでしょ

5 | 構造式を簡単に表示する方法

分子式	構造式		
	カラム1	カラム2	カラム3
CH_4	H-C(H)(H)-H	CH_4	
C_2H_6	H-C(H)(H)-C(H)(H)-H	$CH_3 — CH_3$	
C_3H_8	H-C(H)(H)-C(H)(H)-C(H)(H)-H	$CH_3 — CH_2 — CH_3$	∧
C_4H_{10}	H-C(H)(H)-C(H)(H)-C(H)(H)-C(H)(H)-H ＜br＞ H-C(H)(H)-C(H)-C(H)(H)-H、H-C(H)(H)-H	$CH_3 — CH_2 — CH_2 — CH_3$ ＜br＞ $CH_3 —(CH_2)_2— CH_3$ ＜br＞＜br＞ $CH_3 — CH(CH_3) — CH_3$	∿＜br＞＜br＞ Y
C_2H_4	H₂C=CH₂ (構造)	$H_2C = CH_2$	＝
C_3H_6	環状 / $CH_2=CH-CH_3$ 構造	CH_2／CH_2-CH_2 ＜br＞ $H_2C = CH — CH_3$	△＜br＞＜br＞ ∧⁼
C_6H_6	ベンゼン構造式	CH環状	⬡

■ 1-5-1　構造式の書き方、見方を覚えておこう

うか。どうすればわかると思いますか。約束をつくるのです。それは、

　①直線の両端と屈曲部には炭素が存在する
　②すべての炭素には結合の本数を満足するだけの水素が付いている
　③二重結合、三重結合はそれぞれ二重線、三重線で表す
　④C、H以外の元素は元素記号で表す

というものです。このように約束すると、カラム1の構造とカラム3の構造は必ず1：1で対応することがわかります。

　初歩的な本の導入部には、カラム1、あるいはカラム2の表現法が用いられることもあります。しかし、専門的な本になると、あえて断ることなく、カラム3の表現法が用いられます。

　本書でも今後は、特に断りがない限り、カラム3の表現法を用いることにします。

6 ネーミングで有機化合物の違いを知る

　有機化合物に限らず、すべての化合物には名前が付いています。しかしその名前は人間の名前とは異なり、その分子の発見者や発明者が勝手に名前を付けてよいというのではありません。

　化合物の名前の付け方は厳格に決まっているのです。それを決めたのは国際的な化学者の組織「国際純正応用化学協会（International Union of Pure and Applied Chemistry, **IUPAC**）」です。そこでこの命名法をIUPAC命名法といいます。

　この命名法の優れたところは、「分子の構造が決まれば名前は自動的に決まり」、「**化合物の名前を見れば構造がわかる**」ということです。つまり「名は体を表す」というしくみになっているのです。ここではこの命名法を見てみましょう。

数詞はギリシア語で表現する

　有機化合物のIUPAC命名法は、分子を構成する炭素の個数を基にして決められます。その有機化合物の中に炭素原子が5個か、10個か、ということで名前が決まり、名前がわかれば逆に、その化合物の中の炭素は5個なのか、それとも10個なのかがわかることになります。

　このようなしくみなので、構造がわかれば名前が決まり、名前がわかれば構造もわかる、ということになるのです。個数はギリシア語の数詞で表現されます。数詞とその例を表1-6-1にまとめました。

1	mono	モノ	乗り物のモノレールはレールが「1本」という意味です。「独占（1社独占）」のことをモノポリーといいます。
2	bi あるいは di	ビ あるいは ジ	自転車bicycleは輪cycleが2個という意味です。ジレンマdilemmaはある命題に解答が2個あり、選択に困るという状況のことです。
3	tri	トリ	トライアングルtriangleは三角形です。三重奏はトリオtrioといいます。水泳、自転車、マラソンの三種目で勝敗を競うスポーツはトライアスロンといいます。野球の三重殺はトリプルプレイですね。
4	tetra	テトラ	海岸に置いてある消波ブロックのテトラポッドは脚が4本あるために、このように呼ばれます。
5	penta	ペンタ	米国防総省のことを通称、ペンタゴンというのは建物の平面図が五角形だからです。五角形にすると、敵を弓や銃で迎え撃つときに死角が少なくなるので、ヨーロッパの城郭に多くとり入れられています。日本でも函館の五稜郭が有名です。形には意味があるのです。
6	hekisa	ヘキサ	英語で昆虫のことをヘキサポッドということがあるのは、昆虫の脚が6本だからです。
7	hepta	ヘプタ	イギリスの七王国時代のことをヘプターキー（七＝ヘプタ、国＝アーキー）といいます。陸上競技の七種競技はヘプタスロンというそうです。
8	octa	オクタ	タコ（オクトパス）の脚は8本あります。音楽の8度音程のことをオクターブといいます。
9	nona	ノナ	November（11月）はnonaが語源ともいいます。
10	deca	デカ	『デカメロン』は『十日物語』とも訳されるように、10人の人が10話ずつ話をするところからきています。靴下の業界では10足単位で1デカと称します。
たくさん	poly	ポリ	3次元コンピュータグラフィックスの世界でポリゴンといえば「正多角形」のことです。

■ 1-6-1　数詞とその使われ方

ギリシア語の数詞、というと、「聞いたことがない」と思われるかもしれませんが、決してそのようなことはありません。日常語の中にたくさん入っています。

命名法の法則を知る

　IUPAC命名法は、微に入り細にわたって決められています。その解説書は厚い本一冊になります。
　この命名法に従って命名するのは、詰碁や詰将棋をするのに似た面白味があるようです。ここでは基本的な命名法だけ見ることにしておきます。

● アルカンの命名法
　一重結合だけでできた鎖状炭化水素を一般に**アルカン**といいました。分子式は一般にC_nH_{2n+2}で表されます。アルカンの命名法は、分子を構成する「**炭素数の数詞の語尾にneを付ける**」という、はなはだ単純明快なものです。
　したがって炭素数5個の$CH_3CH_2CH_2CH_2CH_3$は数詞のpenta＋neでpentane、ペンタンとなります。ペンタネではありません。ただし、外国へ行くと英語読みになるので注意が必要です。ペンタンはペンテインとなります。
　なお、炭素数4個のものまでは、数詞に関係なく、それまで歴史的に用いられた名前をIUPAC名とします。このような名前を一般に**慣用名**といいます。よく知られた化合物、ベンゼン、エチレン、アセチレンなども慣用名です。
　小さい分子の名前には昔からのネーミングを使い、大きい分子の名前には命名法でルールに従って名前を付ける、と考えればいいでしょ

う。

● シクロアルカンの命名法

　環状のアルカンを一般に**シクロアルカン**といいます。分子式はC_nH_{2n}です。シクロアルカンの名前は「**アルカンの名前に接頭語としてシクロを付ける**」というものです。したがって三員環はシクロプロパン、五員環はシクロペンタンとなります。

● アルケンの命名法

　二重結合を1個だけ持つ鎖状炭化水素を**アルケン**といいます。分子式はC_nH_{2n}で、アルケンの命名法は「**アルカン名の語尾のaneをeneに換える**」というものです。

　したがってCH₂=CH₂はethane（エタン）の語尾を変えてethene、エテン（慣用名：エチレン）となります。同様にCH₃CH=CH₂はpropane（プロパン）からpropene（プロペン、慣用名：プロピレン）となります。

● アルキンの命名法

　三重結合を1個だけ持つ鎖状炭化水素を**アルキン**といいます。分子式はC_nH_{2n-2}で、アルキンの命名法は「**アルカン名の語尾のaneをyneに換える**」というものです。したがってCH≡CHはethyne（エチン、慣用名：アセチレン）となります。

● アルコールの命名法

　ヒドロキシ基OHを持つ化合物を一般に**アルコール**といいます。アルコールの命名法は「**アルカン名の語尾のeをolに換える**」というものです。したがってCH₃OHはmethaneからmethanol（メタノー

ル）となるわけです。同様にCH₃CH₂OHはethanol（エタノール）となります。

● アルデヒドの命名法

ホルミル基CHOを持つ化合物を一般に**アルデヒド**といいます。アルデヒドの命名法は相当する「アルカン名の語尾のeをalに換える」というものです。したがってHCHOはmethanal（メタナール、慣用名：ホルムアルデヒド）、CH₃CHOはethanal（エタナール、慣用名：アセトアルデヒド）となります。

はじめて見ると非常にややこしいのですが、名前の法則さえつかめれば、あとは自動的に名前が決められ、名前がわかれば構造もわかります。ネーミングが海外主導で付けられているのは残念ですが。

第2章
有機化合物の種類と性質は

　有機化合物には多くの種類があり、それぞれが個性的な物性、反応性を持っています。しかし、似た性質を持っているものもあり、そのようなものを「アルコール類」「アルデヒド類」のようにまとめて考えると、有機化合物を取扱いやすくなります。
　アルコールにはたくさんの種類がありますが、それぞれにアルコールとしての共通の性質を持っています。それは、アルコール類が共通して持つ **「置換基」** と呼ばれるものによります。このように置換基は、有機化合物の性質、反応性に大きな影響を与えます。
　置換基にはいろいろの種類がありますが、それぞれ固有の性質があり、その有機化合物が持つ置換基の種類がわかれば、その化合物の物性はある程度予想ができるしくみになっています。

1 置換基とは何を「置換」するものなのか？

置換基こそ、有機化合物の性質を決める！

有機化合物を理解するには、分子を「本体部分」と「置換基部分」に分けて考えるのが便利です。化合物を人間に例えると、本体部分は胴体であり、**置換基**が顔や頭に相当します。

● 「本体部分」＋「置換基部分」

人間の性質や行動パターンが頭脳によって決められるのと同様に、**「有機化合物の物性、反応性の大部分は置換基によって決まる」**のです。顔を見れば人柄が予想されるように、置換基を見ればその分子の物性、反応性が予想できます。

置換基にはいくつかの種類がありますが、大きく「アルキル基」と「官能基」に分けることができます。

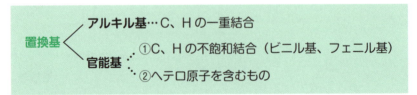

アルキル基は個性が少ない

炭素、水素が一重結合で結合してできた置換基を一般に「**アルキル**

基」といいます。メチル基CH₃、エチル基CH₂CH₃、イソプロピル基CH(CH₃)₂などがよく知られています。

　一般にアルキル基には目立った個性が無く、せいぜいが置換基の立体的な形、大きさによって物性に影響を及ぼす程度です。そのため、アルキル基と官能基が結合した場合には、アルキル基が本体部分とみなされることになります。一般にアルキル基は記号「**R**」で表されます。

官能基は二種類ある

●炭素、水素からなるビニル基、フェニル基

　官能基は二種類に分けて考えることができます。一つは炭素、水素が不飽和結合によってつくったものです。このような物としてはビニル基CH=CH₂、フェニル基C₆H₅がよく知られています。ビニル基はプラスチックのポリ塩化ビニル、アクリル繊維、ポリスチレンなどの原料を構成するものです。

　フェニル基は、前章で見た芳香族化合物であるベンゼンが置換基になったものです。そのため、**フェニル基を持つ化合物は芳香族化合物と呼ばれることが多い**のです。フェニル基は非常に重要な置換基であり、有機化学のあらゆる場面に顔を出します。

　ここではフェニル基をポリスチレンの原料を構成するものとして紹介しておきましょう。すなわち、スチレンはビニル基とフェニル基が結合したものなのです。一般に置換基として分類される原子団が結合した場合、どちらを本体部分、どちらを置換基とみなすかはケースバイケースです。

　有害物質としてよく知られるPCBは、英語ではPolychrolobiphenylと書きます。この非常に長い名前をよく見ると、2個（bi）のフェニ

1 置換基とは何を「置換」するものなのか？

H₂C=CH−Cl
塩化ビニル
（ポリ塩化ビニルの原料）

H₂C=CH−C≡N
アクリロニトリル
（アクリル繊維の原料）

H₂C=CH−C₆H₅
スチレン
（ポリスチレンの原料）

PCB　1 ≦ m+n ≦ 10

	置換基	名称	一般式	一般名	例	
アルキル基	−CH₃	メチル基			CH₃−OH	メタノール
	−CH₂CH₃	エチル基			CH₃−CH₂−OH	エタノール
	(CH₃)₂CH−	イソプロピル基			(CH₃)₂CH−OH	イソプロピルアルコール
	−C₆H₅ *	フェニル基	R−C₆H₅	芳香族	CH₃−C₆H₅	トルエン
	−CH=CH₂	ビニル基	R−CH=CH₂	ビニル化合物	CH₃−CH=CH₂	プロピレン
官能基	−OH	ヒドロキシ基	R−OH	アルコール・フェノール	CH₃−OH, C₆H₅−OH	メタノール・フェノール
	\C=O	カルボニル基	R₂C=O	ケトン	(CH₃)₂C=O, (C₆H₅)₂C=O	アセトン・ベンゾフェノン
	−CHO	ホルミル基	R−CHO	アルデヒド	CH₃−CHO, C₆H₅−CHO	アセトアルデヒド・ベンズアルデヒド
	−COOH	カルボキシル基	R−COOH	カルボン酸	CH₃−COOH, C₆H₅−COOH	酢酸・安息香酸
	−NH₂	アミノ基	R−NH₂	アミン	CH₃−NH₂, C₆H₅−NH₂	メチルアミン・アニリン
	−NO₂	ニトロ基	R−NO₂	ニトロ化合物	CH₃−NO₂, C₆H₅−NO₂	ニトロメタン・ニトロベンゼン
	−CN	ニトリル基（シアノ基）	R−CN	ニトリル化合物	CH₃−CN, C₆H₅−CN	アセトニトリル・ベンゾニトリル

＊ −C₆H₅でフェニル基は表されることも多く、その場合にはトルエン（メチルベンゼン）は CH₃−C₆H₅ となる。

■ 2-1-1　主なアルキル基と官能基

ル基（phenyl）基が結合したものに、たくさん（poly）の塩素（chrole）が結合した化合物であることがわかります。つまり、「フェニル基が本体部分」ということです。名前だけでいろいろとわかるのです。

● ヘテロ原子を含むもの

　官能基の二つめは、**ヘテロ原子**と呼ばれているものです。ヘテロ原子とは、有機化学においては「炭素、水素以外の原子」のことをいいます。ヘテロとは「異なる」という意味で、有機化学において中心となる「炭素、水素以外の異なるもの」といった意味と考えればいいでしょう。いかに、炭素と水素とが有機化学で重要な役割を演じているかがわかります。なお、官能基の大部分はヘテロ原子を含みます。主なものを表にまとめました。

　多くの場合、その置換基を含む化合物は固有のグループ名で呼ばれます。アルコール類、アルデヒド類などです。それぞれのグループに属する分子は共通の性質を持ちます。

2 炭化水素は一番シンプルな有機化合物

　炭素と水素だけからできた化合物を**「炭化水素」**といいましたね。炭化水素は第1章6節で見たように、アルカン（一重結合だけでできた鎖状炭化水素）、アルケン（二重結合を1個だけ持つ鎖状炭化水素）、アルキン（三重結合を1個だけ持つ鎖状炭化水素）、およびシクロアルカン（環状のアルカン）のように、それらの環状誘導体に分類することができます。

アルカンを分類してみよう

　炭素原子の特徴は、何千個でも結合して繋がることができることです。たとえば、アルカン（一重結合だけでできた鎖状炭化水素）の一種であるポリエチレンは1万個ほどの炭素が繋がった長い鎖状の化合物です。

　アルカンにおける炭素鎖の長さ（n）と、その化合物が一般にどのように分類されているかを表にまとめました。天然ガス（メタン）、ガソリン、灯油、重油、パラフィン、ポリエチレンなどはみな親類関係にあることがわかります。

　前章で見たように、化合物には分子式が同じでも構造式の異なる異性体が存在します。そのため、炭素原子数が増えると異性体の種類は爆発的に増加します。これこそ、有機化合物の種類を無数といえるほど多くしている最大の原因なのです。

$CH_3-CH_2-CH_2\cdots\cdots CH_2-CH_3$
　　 1　　　2　　　3　　　　　　 n

n	名　前
1	メタン（天然ガス）
2	エタン
3	プロパン
4	ブタン
5〜11	ガソリン
9〜18	灯油
14〜20	軽油
>17	重油
>20	パラフィン
数千〜数万	ポリエチレン

■ 2-2-1　アルカンにおける炭素鎖の長さと分類

石油が1g燃えると何gのCO₂が排出されるか

　天然ガス、石油、石炭などの化石燃料を燃焼すると二酸化炭素CO_2が発生し、その温室効果が地球温暖化の原因であるといわれます。石油を燃やした場合、どれくらいの二酸化炭素が発生するのかを計算してみましょう。たとえば20L（リットル）のポリタンク一杯の石油はほぼ14kgです。これを燃焼したら何gの二酸化炭素が発生するでしょうか。

　反応式は次ページの図2-2-2に書いた通りです。石油の分子式は、簡単のためにCH_2単位がn個結合したもの、すなわち$(CH_2)_n$としましょう。すると、石油1分子が燃えると、n分子の二酸化炭素（nCO_2）が発生することになります。第1章で見た分子量の計算法によれば、石油の分子量は14nです。一方、二酸化炭素1分子の分子量は44ですから、n分子では44nとなります。

　つまり、14ngの石油が燃えると44ngの二酸化炭素が発生するの

です。20Lの石油（14kg）が燃えると44kgの二酸化炭素が発生するということです。石油の重さの3倍です。10万トンタンカー1杯分の石油が燃えると、30万トンの二酸化炭素が発生するのです。

$$(CH_2)_n \xrightarrow{O_2} nCO_2 + nH_2O$$

	石油	二酸化炭素
分子量	14n	44n
	14kg	44kg

■ 2-2-2 石油が燃えると3倍のCO_2が発生する

3 とても重要なアルコールとエーテル

　一重結合で結合した酸素を含む化合物として、アルコールとエーテルがあります。いずれも重要なグループです。

身近なアルコールの性質

　さて、これまでも時折名前の出てきたヒドロキシ基ですが、これはOHという構造を持っていて、かつてはhydroxide（水酸化物）から「**水酸基**」と呼ばれた時期もありましたが、現在は「**ヒドロキシ基（OH）**」で名前が統一されています。ヒドロキシ基は分子に極性を与えたり、水素結合を行なったりします。

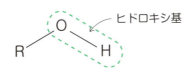

■ 2-3-1　ヒドロキシ基の構造

　ここで、ヒドロキシ基（OH）が何とくっつくかによって、名前（もちろん性質も）が違ってきます。
　アルキル基にヒドロキシ基OHの付いた化合物こそ、よく知られている「**アルコール**」です。CH₃OHの形がメチルアルコール、C₂H₅OHの形がエチルアルコールで、いずれもOH（ヒドロキシ基）が付いています。
　ところが、フェニル基にヒドロキシ基が付くと、アルコールではな

く「**フェノール**」となります。フェノールは薬品の匂いを持つ有機化合物です。アルコール（エチルアルコール）はお酒として知られていますが、フェノールには毒性があり、別のグループとして分けて考えています。

アルコールのことを酸性と考えている人がいますが、アルコールは酸性でも塩基性でもなく、中性です。分子量の小さいメタノール（＝メチルアルコール）、エタノール（＝エチルアルコール）、イソプロピルアルコールなどは有機反応の溶媒として重要です。

溶媒というのは、何かの溶液をつくりたいとき（必要な溶質が溶けている）、その溶質を溶かすために使うものをいいます。水で砂糖を溶かしたとき、水が溶媒、砂糖が溶質、砂糖水が溶液です。そして、エタノールなどの有機物を溶媒として使ったものを「**有機溶媒**」と呼んでいます。化学の本では通常「溶媒」といいますが、工業では「溶剤」と呼ぶことのほうが多く、同じ意味で使われています。優れた溶媒として使われるためには、溶質をよく溶かすことだけでなく、溶質とは化学反応しないことが絶対の条件です。

溶　媒	溶　質	溶　液
水	砂糖	砂糖水
水	食塩	食塩水（塩水）
エタノール	フェノールフタレイン	フェノールフタレインエタノール溶液

■ 2-3-2　溶媒が溶質を溶かす

アルコールはナトリウムNaなどのアルカリ金属と反応して水素ガスを発生します。当然、この水素ガスに火が着くと爆発しますから、取扱いは要注意です。

アルコールが酸化するとアルデヒドを経てカルボン酸になります。

お酒（エタノール）を飲んだとき、体内でエタノールが酸化されてアセトアルデヒドができ、それが体内に残った状態が二日酔いであることはよく知られています。アセトアルデヒドはアルデヒドの一種で、強い毒性があります。

また、アルコールを脱水するとアルケン（二重結合を1個だけ持つ鎖状炭化水素）やエーテルになります。

●エタノールはアルコールの代表

一般に「アルコールといえば、**エタノール**（エチルアルコール）」といわれるほど、エタノールは一般的なアルコールです。液体であり、有機物を溶かす力が強いので、有機化学反応の反応溶媒、洗浄溶媒などとして重要です。しかし、エタノールといえばお酒です。当然、エタノールは「酒類」に含まれてしまうことから酒税の対象となり、その分だけ高価になります。それでは工業目的の企業はたまりません。

そこで、エタノールにわざと有害物質を混ぜ、「飲用に適さなくしたエタノール」をつくり、変性アルコールとして酒税を免除してもらっています。ですから、「**変性アルコール**」と書かれているものは毒物を含んでいるので飲んではいけません。

「**無水アルコール**」というものがあります。これはエタノールの中に含まれる水分（エタノールにとっては不純物）を取り除いたものであり、化学的には「無水アルコール」といえば、エタノールそのものです。

エタノールが体内に入ると酸化酵素によって酸化され、有毒なアセトアルデヒドになります。これが先ほども述べた二日酔いの原因です。しかし、アルデヒドはさらに酸化酵素によって酸化されて酢酸となり、最終的には水と二酸化炭素になり、無害化されます。

エタノール → アセトアルデヒド（有毒）
→ 酢酸 → 水＋二酸化炭素（無毒化）

しかし、体内に酸化酵素の少ない人の場合、アルデヒドが体内に長く残ってしまい、他の人よりも二日酔いがひどくなります。酸化酵素の量は遺伝によって決まっています。お酒に弱い人は無理をしないほうが賢明でしょう。

● メタノールはなぜ有害か？

メタノールもエタノールと同様に有機溶媒（溶質を溶かす材料）として用いられます。メタノールはエタノールと名前が似ていますが、エタノールとは異なり、有毒物質として知られています。メタノールを飲むとまず失明し、次いで命を落とすといわれます。

インドやロシアでは今でも酒税をごまかすため、メタノールを入れた酒が出回ることがあるようで、ニュースになることもあります。旅行の際には注意したいものです。

では、なぜメタノールは有害なのでしょうか。メタノールは体内で酸化されるとホルムアルデヒドに変わります。ホルムアルデヒドは毒性のとても高い物質で、目やのどの痛み、頭痛、めまい、吐き気などを起こすシックハウス症候群の原因物質として知られています。家の中の家具やフローリングの接着剤や建材などにホルムアルデヒドが使われ、それが部屋中に拡散した結果起きるものです。ホルムアルデヒドがさらに酸化すると「ギ酸」になりますが、これがまた有毒物質なのです。

それでは、メタノールを飲むとまず目をやられるのは、なぜでしょうか。

目の網膜を構成する視細胞には、視覚物質としてレチナールという

アルデヒドが含まれています。これに光が当たると視神経が感知して光が来たことを認識するしくみです。

　人間はビタミンAを酸化することによってこのレチナールを合成しています。また、ビタミンAは有色野菜の色素であるカロテンを酸化分解してつくります。そのため、目の周囲には酸化酵素が多いのです。

　したがって、メタノールを飲むとメタノールが血流に乗って体内を循環し、目の周囲に来た時に酸化されて毒物に変化するのです。これがメタノールによって失明する原因なのです。

アルコールとは一線を画す「フェノール」とは

　フェニル基にヒドロキシ基が結合したものを「**フェノール**」といいます。アルコールは中性でしたが、フェノールは酸性であり、殺菌作用があります。そのため、昔は石炭酸と呼ばれ、消毒薬として用いられました。

　　　フェノール　　　　　　　　ウルシオール
■ 2-3-3　フェノールとウルシオールの構造

　ベンゼン骨格に複数個のヒドロキシ基が付いたものは一般に「ポリフェノール」と呼ばれ、健康食品として最近はもてはやされています。赤ワイン、ブルーベリー、チョコレートなどに多く含まれるとされますが、ポリフェノールは植物に多く含まれ、お茶のタンニン、ウルシのウルシオールなどもポリフェノールです。

工芸品の漆塗りは、ウルシオール（2価のフェノール）が高分子化した樹脂で、木製品の表面を装飾したものです。堅牢で美しい光沢を持つことで知られていますが、生の状態の漆に触れると皮膚がかぶれてしまいます。

化学のエーテル、物理のエーテル

酸素が2個の炭素と結合した構造のものを一般に「**エーテル**」といいます。図の「-O-」部分は一般に置換基とはいわず、「**エーテル結合**」といいます。

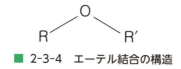

■ 2-3-4　エーテル結合の構造

一般にエーテルというと「ジエチルエーテル」と呼ばれるものを指します。ジエチルエーテルは有機物を溶かす力が強いので有機溶媒として用いられます。しかし、これは沸点が低く（35℃）、引火性が強いので使用するときには厳重な注意が必要です。麻酔作用があり、以前は全身麻酔に用いられたこともあります。

エーテルはアルコールの脱水によってつくることができます。分子内に2個のヒドロキシ基を持つアルコールを脱水すると、環状エーテルが生じることがあります。有害物質として有名なダイオキシンは環状エーテルの一種とみなすことができます。

なお、19世紀の物理学でいう「エーテル」は、光が伝播するために必要な媒質として仮定されていたもので、「宇宙はエーテルで満たされている」といった考えがありましたが、いまでは間違いとされています。化学でいうエーテルとはまったくの別物です。

4 置換基を持つカルボニル化合物

　部分構造としてカルボニル基COを持っているものに、ホルミル基CHOやカルボキシル基COOHがあります。そこでこのような置換基を持っている化合物、すなわちケトン、アルデヒド、カルボン酸を総称して「**カルボニル化合物**」ということがあります。なお、ホルミル基は高校の化学ではアルデヒド基とすることもあります。

反応性の高いケトン

　カルボニル基COを持つ化合物のことを一般に「**ケトン**」といいます。ケトンには高い反応性を持つ物が多く、多くの種類の反応を起こすので、有機合成反応の原料として重要です。

■ 2-4-1　ケトンと青酸カリの反応

　最も簡単な構造のケトンは「**アセトン**」です。アセトンは水と自由に混ざり、有機物を溶かす力が非常に強いのでシンナーなどの有機溶剤の原料として欠かせません。また、洗浄溶媒としても重要です。アセトンはある種の爆薬の原料としても知られています。

カルボニル化合物に青酸カリ（シアン化カリウム）KCNを作用させるとシアンヒドリンを生成します。シアンヒドリンは、胃酸で分解して猛毒の青酸（シアン化水素）HCNを発生します。戦後間もないころに起こった帝銀事件の毒物は、このシアンヒドリンであるとする説もあります。青梅のタネに含まれるアミグダリンはシアンヒドリンの一種です。そのため、このタネを食べると中毒になることがあります。

アルデヒドとフェーリング反応

ホルミル基を持つ物を一般に「**アルデヒド**」といいます。簡単なアルデヒドであるホルムアルデヒドやアセトアルデヒドの毒性については先にご説明した通りです。

ホルムアルデヒドの30％ほどの水溶液はホルマリンと呼ばれ、タンパク質を硬化させる働きがあるので、生物標本の保存液に用いられます。ホルムアルデヒドは、フェノール樹脂やメラミン樹脂などの熱硬化性樹脂の原料として欠かせません。

アルデヒドには還元性があります。そのため、硫酸銅$CuSO_4$の青い水溶液にアルデヒドを加えると、銅の2価イオンCu^{2+}を還元して1価のCu^+とし、赤い酸化銅Cu_2Oが沈殿します。これを「**フェーリング反応**」といって、アルデヒドの確認に用います。

また硝酸銀$AgNO_3$溶液に加えると、銀イオンAg^+が還元されて金属銀Agとなってガラス器壁に析出し、美しい銀鏡ができます。これを銀鏡反応といって、やはりアルデヒドの確認反応としてよく知られています。

カルボン酸と食べ物

　カルボキシル基を持つ化合物を一般に「**カルボン酸**」といいます。脂肪酸はカルボン酸の一種です。

● カルボン酸の性質

　カルボン酸の最大の特徴、それは「酸である」ということです。有機化学的に見た場合、酸というのは「分解して水素イオンH^+を出すもの」のことをいいます。それに対して塩基はH^+を受け取るもののことをいいます。

　一般にカルボン酸は、塩酸HClや硫酸H_2SO_4などの強酸に比べれば酸としての性質が弱く、弱酸に分類されます。

● 身近なカルボン酸

　カルボン酸は、酢酸やコハク酸、酒石酸などが知られています。
　「**酢酸**」は酢（食酢）に3%ほど含まれ、それが酸味の原因になっています。ときどき、「酸っぱいのは、みな同じ原因から」と考える人もいますが、同じように酸っぱくても、柑橘類の酸味はクエン酸によるものであり、酢酸による酸味とは「酸っぱさ」が異なります。

　貝類や日本酒の旨み成分として知られるのが「**コハク酸**」です。また、ワインの酸味は酒石酸によるものです。酒石酸と鉛を反応させて生じる酒石酸鉛には甘味があるためか、ローマ時代には鉛製の鍋でワインを温めて飲む習慣があったといいます。ワインの酸味が和らげられて美味しくなったのでしょう。しかし、これが影響したのか、皇帝ネロの狂気は鉛中毒が原因という説もあります。

　ベートーベンの時代には、ワインに酸化鉛の白い粉を加えて飲む習

慣があったといいます。ベートーベンの難聴も鉛中毒によるものといわれます。よほど甘いワインが好きだったのでしょうが、彼の髪からは常人の100倍ほどの鉛が検出されたといいます。化学の知識の必要性を感じます。

■ 2-4-2　主なカルボン酸の構造

● 芳香を持つエステル化とは

　カルボン酸とアルコールが反応すると、両者から水H_2Oが取れてエステルが生成します。この反応を「**エステル化**」、反対にエステルが水と反応してカルボン酸とアルコールに戻る反応を「**加水分解**」といいます。単純に、逆のプロセスです。

エステル化　カルボン酸＋アルコール　→　エステル　＋　水
加水分解　エステル　＋　水　→　カルボン酸＋アルコール

　エステルには芳香を持つ物が多く、果実の芳香は主に各種エステルによるものです。バナナの香りを高校時代の実験でつくったという人もいるでしょう。
　酢酸とエタノールから生じる酢酸エチルは、かつてシンナーや除光液など、各種の溶剤としてよく用いられましたが、有毒なことがわかって、最近は家庭用には用いられなくなりました。

さて、いま説明したエステル化において、脱水の反応機構には図2-4-3の@、ⓑ両方が考えられます。すなわち、水を構成する酸素がカルボン酸のもの（機構@）か、アルコールのもの（機構ⓑ）かということです。

$$R-C(=O)-O-H + H-O-R' \underset{加水分解}{\overset{エステル化}{\rightleftarrows}} H_2O + R-C(=O)-O-R'$$

カルボン酸　　アルコール　　　　　　　　　　　　　エステル

@経路: $H_2{}^{18}O$ 分子量20 ＋ エステル
ⓑ経路: H_2O 分子量18 ＋ エステル

■ 2-4-3　脱水の反応機構（経路）としては@とⓑの2つが考えられる

　この反応機構を区別するには、酸素に印を付ければよいことがわかります。このような場合、同位体を用いるのが常套手段です。そこで、酸素の同位体 ^{18}O をカルボン酸に入れて実験を行なったところ、分子量20の水が発生しました。このことから、反応は@で進行することがわかりました。

　このように、可能な反応が複数個考えられるはずなのに、実際にはどちらかの反応だけしか進行しないことはよくあることです。これを「**反応の選択性**」といいます。このような反応選択性がなぜ起こるか、それを明らかにすることは、化学における大きな研究テーマの一つなのです。

● 種類の多い脂肪酸

　生体に含まれる脂肪は「**グリセリン**」という3個のヒドロキシ基を

持ったアルコールと、「**脂肪酸**」と呼ばれるカルボン酸からできたエステルです。

　したがってサラダオイル、イワシの油、牛肉の脂など、どのような脂肪を食べようと、胃で加水分解されてしまえばすべてグリセリンが生じます。脂肪による違いは、脂肪酸の部分にあるのです。

　脂肪酸の種類は大変に多いのですが、なかでもよく聞く名前であるIPAは「イコサペンタエン酸」の略です。ヘンな名前ですが、よくよく考えると、「炭素数がイコサ（20）個あり、二重結合（エン）がペンタ（5個）だけあるカルボン酸」という意味です。「イコサ・ペンタ・エン酸」のように区切ると理解しやすいと思います。

　同様にDHCは「ドコサヘキサエン酸」の略称で、「炭素数がドコサ（22）個あり、二重結合がヘキサ（6）個のカルボン酸」ということになります。IPAとかDHCといっても中身はわかりませんが、このように名前の由来を追っていくと意味もわかり、他の人にもうまく説明することができます。

●ニトログリセリン

　ところで、このグリセリンに硝酸を作用するとニトログリセリンになります。これは液体爆薬であり、非常に強い爆発力を持ちます。しかも不安定であり、わずかの衝撃でも爆発するので爆弾としては実用になりませんでした。なぜなら、敵軍に投下する前にちょっとした振動で自軍に被害をもたらす可能性が高かったからです。しかし、このニトログリセリンを珪藻土に吸収させてやると安定になることを発見し、ダイナマイトを発明したのがノーベルです。

　グリセリンはまた狭心症の特効薬としても知られます。これはニトログリセリンが体内で分解されると一酸化窒素NOとなり、これが抹消血管を拡張する作用があるからなのです。この一酸化窒素の作用の

解明研究に対しては1998年にノーベル賞が与えられました。

　ニトログリセリンによって創設されたノーベル賞が、約100年後に、ニトログリセリンの医療効果に賞を与えたのです。

● 無水酢酸の「無水」とは何のこと？

　化学工業でよく使われるものとして、「**無水酢酸**」という酢酸があります。「無水」というと、「無水アルコール」がありましたが、ここでいう「無水」は同じ意味でしょうか。実は無水酢酸と無水アルコールの「無水」とはまったく意味が異なります。

$$CH_3-\underset{\underset{O}{\|}}{C}-O\boxed{-H \quad H-O}-\underset{\underset{O}{\|}}{C}-CH_3 \longrightarrow CH_3-\underset{\underset{O}{\|}}{C}-O-\underset{\underset{O}{\|}}{C}-CH_3$$

酢酸　　　　　　　酢酸　　　　　　　　無水酢酸

■ 2-4-4　2分子の酢酸から「無水酢酸」をつくる

　無水アルコールの場合は、脱水して文字通り「水を含まない」という意味でした。これに対し、無水酢酸とは、2分子の酢酸から1分子の水を脱水したものをいいます。無水酢酸は、エステル化などの反応性が酢酸より強いところがあります。

　ところで、かつて無水酢酸が密輸出されたことがあります。なぜ、無水酢酸が密輸出されたのでしょうか。その理由は、ケシの実から得られる麻薬のモルヒネに無水酢酸を作用させ、より覚醒効果の大きいヘロインを合成しようとする企みのためだったと考えられています。

　　　　モルヒネ　＋　無水酢酸　→　ヘロイン

　無水酢酸に対して、普通の酢酸のことを「**氷酢酸**(ひょうさくさん)」と呼んで区別することがあります。それは酢酸の融点が16.7℃と高く、寒い日には凍って氷状になるからです。

●炭酸

　炭酸H_2CO_3はカルボン酸ではありませんが、炭素を含む酸なのでここで取り上げておきましょう。炭酸H_2CO_3は二酸化炭素CO_2を水に溶かすことで生成します。

$$CO_2 + H_2O \longrightarrow \underset{\text{炭酸}}{H_2CO_3}$$

　雨は空気中を落下する間に、空気中の二酸化炭素を吸収するので、普通の雨でもpH5.3程度の酸性となっています。中性はpH7なので、雨水はけっこうな酸性であることがわかります。こう考えると、中性の雨などは地球上に存在しないのです。そこで、一般に「酸性雨」というときにはpH5.3以下の強い酸性の雨のことをいいます。

　ちなみに二酸化炭素は、地球温暖化を起こす温室効果ガスということで嫌われ者です。しかし、温室効果を起こす能力の指標である地球温暖化係数を見ると、二酸化炭素は標準物質なので係数は1です。ところがメタンは21、フロンに至っては1万に達するものもあります。にもかかわらず二酸化炭素が地球温暖化の点で指標とされるのは、その発生量が圧倒的に多いからです。

　二酸化炭素は工業的に重要な資源です。日本で1年間に必要とされる二酸化炭素は約100万トンですが、その35%はドライアイス、15%は炭酸飲料として使用されます。また、意外ですが、溶接のシールドガスとして35%が用いられます。これは、溶接部分に窒素ガスが入ると溶接が弱くなるので、窒素が入らないように炭酸ガスでシールドするのだそうです。

　しかし、日本が1年間に排出する二酸化炭素量の約1億トンに比べれば、100万トンなど、物の数ではないのかもしれません。

5 窒素を含む有機化合物 ①アミノ基

　窒素を含む化合物はタンパク質など、生体関係の物質に多く存在する重要な化合物です。その窒素を含む官能基としてはアミノ基、ニトロ基、ニトリル基などがあります。そこでまずは、**「アミノ基」**について見ておきましょう。

　アミノ基（NH_2）を含む化合物のことを一般に**「アミン」**と呼んでいます。

　アミンの性質は、その名前からも推測できるようにアンモニアによく似ています。第一に、水素イオンを捕獲することができる点、つまり塩基であるという点です。

　アミンはカルボン酸と反応してアミドとなります。この反応は先に見たエステル化とよく似た反応ですね。

$$R-\boxed{NH_2}\ (アミノ基) \quad + \quad H^+\ (水素イオン) \quad \longrightarrow \quad R-NH_3^+$$

アミン

$$R-\underset{H}{N}-H \quad HO-\underset{\parallel\ O}{C}-R' \quad \underset{加水分解}{\overset{アミド化}{\rightleftarrows}} \quad R-\underset{H}{N}-\underset{\parallel\ O}{C}-R' \quad + \quad H_2O$$

アミド

■ 2-5-1　アミンからアミドをつくる

スーパースター「タンパク質」

　アミノ基とカルボキシル基の両方を持つ化合物を一般に**「アミノ**

酸」と呼びます。

アミノ酸が集まってタンパク質をつくることはよく知られています。アミノ酸の種類はたくさんありますが、タンパク質を構成するアミノ酸はわずか20種類に限られています。

2個のアミノ酸があったとき、そのアミノ基とカルボキシル基の間でアミド化が進行した生成物を「**ジペプチド**」といいます。ジペプチドは分子の両端にアミノ基とカルボキシル基を持っていますので、これを利用してさらに他のアミノ酸とジペプチドをつくり出すことができます。このようにしてできた長い鎖状の化合物を「**ポリペプチド**」というのです。

ポリペプチドには多数の種類がありますが、その一つがタンパク質です。実はタンパク質はポリペプチドのなかでもエリート中のエリートで、特有の立体構造と機能を持ったポリペプチドだけを「タンパク質」と呼んでいるのです。タンパク質はポリペプチドの中のスーパースターなのです。

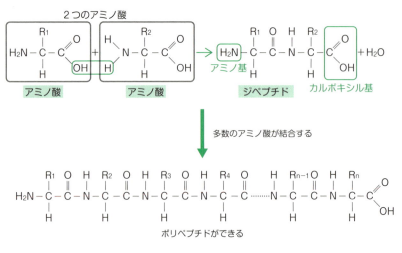

■ 2-5-2　アミノ酸からジペプチド、そしてポリペプチドへ

光学異性体のL体、D体

アミノ酸というと、必ず出てくるのが「**光学異性体**」の話です。アミノ酸は、1個の炭素にアミノ基、カルボキシル基、水素、アルキル基の互いに異なる4種の置換基が結合しています。このような炭素を特に「**不斉炭素**」といいます。

「不斉」という言葉をあまり聞かないでしょうが、**不斉**とは「揃わないこと」をいいます。つまり、1個の炭素にアミノ基、カルボキシル基、水素……といろいろとくっついていて「揃っていない」ということです。どう化学に関係してくるかというと、付いているものがバラバラなので原子の立体的な配列に対称性（線対称など）がなくなる、という意味になります。

不斉炭素の立体構造は図2-5-3に示したA、Bの両方が考えられます。よく見てもらえばわかるように、A、Bは、右手と左手の関係と同じように、互いに鏡像の関係にあります。このような関係にある場合、それらは決して重ね合わせることはできません。すなわち、右手と左手が似て非なるように、AとBも互いに異なった化合物なのです。このような異性体を一般に「**光学異性体**」といいます。

光学異性体の特質はいくつかありますが、その一つは、化学的性質

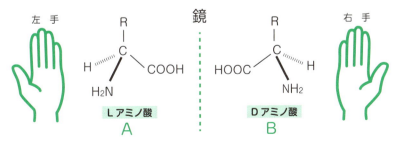

■ 2-5-3　光学異性体のL体、D体では対称性がない

が完全に等しいということです。そのため、光学異性体の片方だけを人為的につくろうとしても不可能です。必ずA、Bの1:1混合物が生成してしまいます。このような混合物のことを一般に「**ラセミ体**」といいます。

　2001年にノーベル賞を受賞した野依良治教授の業績は、特別の工夫によって、光学異性体の片方を優先的に合成する**不斉合成**に成功したというものでした。これを見ても、不斉合成がいかに難しいものであるかがわかっていただけるものと思います。

　「AとBの化学的性質がまったく同じ」ということは、ラセミ体をAとBに分離することは不可能ということをも意味します。この分離を**ラセミ分割**といいますが、ラセミ分割には、生物の利用、天然界に存在する光学異性体の利用など、特殊な工夫が必要になります。

生理的性質が異なる？

● 2つのうち1つしか存在しないアミノ酸の不思議

　光学異性体の二つめの性質は、化学的性質は等しいけれども、光学的性質と生理的性質は異なるというものです。

　生理的性質の違いというのは、医薬、毒性の領域で大きな影響を持ちます。アミノ酸の場合には、光学異性体として、先ほどの図2-5-3のAのL体とBのD体がありえます。しかし、天然に存在するものを調べていくと、極めて少数の例外を除けば、すべては「L体のみ」なのです。不思議な話です。なぜそうなっているのか。実は、誰もそのことについて説明ができません。それは、ヒトの心臓はなぜ左側にあるのかというのと同じようなことです。

　味の素は、アミノ酸の一種のグルタミン酸の**誘導体**（元の化合物を大幅に変えない程度の小変化をした化合物）です。このため、本来で

あればD体とL体の両方の存在が考えられます。しかし、現実の味の素は微生物を用いた発酵によってつくっているので、すべてL体のみになっています。もしD体の味の素があったとしたら、その味はどうでしょうか。おそらくは旨みを感じられない別物でしょう。

● 光学異性体によるサリドマイド事件とは

　1950年代に発生して大きな問題となったサリドマイド事件は、光学異性体に基づくものでした。この事件は妊娠初期に睡眠導入剤（薬）のサリドマイドを服用した妊婦から、四肢の欠損したアザラシ症候群の赤ちゃんが誕生したというものでした。サリドマイド児は全世界で4100人以上が確認されており、日本でも300人以上が確認されています。

　サリドマイドの分子構造は図のようなものであり、光学異性体A、Bが存在します。

■ 2-5-4　サリドマイドの光学異性体

　このうちのどちらか片方が、催奇形性を持っていたものと思われます。しかし、両者を分離することは先に見たように大変に困難です。しかもサリドマイドの場合には、特殊な性質を持っているため、体内に入るとAとBは互いに異性化してしまうのです。すなわち、どちらを飲んでもある時間（半減期、9.5時間）がたつと、両者の1:1混合物、ラセミ体になってしまいます。つまり、どちらを服用しても事故が起こるのです。

6 窒素を含む有機化合物 ②ニトロ化合物、ニトリル化合物

ニトロ化合物といえば「爆発物」？

　窒素を含む化合物――「アミノ基」に続く2番手は「**ニトロ化合物**」です。一般に**ニトロ基**を持つ化合物をニトロ化合物といいます。

　ニトロ化合物といえば、爆薬がよく知られています。なかでもTNT（トリニトロトルエン：trinitrotoluene）は爆薬の標準であり、原爆や水爆の爆発力を表すキロトンやメガトンは、その爆発力をTNTで再現するにはいったいどの程度必要なのか、1000トン（キロトン）単位なのか、あるいは100万トン（メガトン）単位が必要なのかを表したものです。ちなみに原子爆弾の爆発力は0.5メガトン程度です。

　原子爆弾よりも巨大な爆発力を持つのは水素爆弾です。人類がつくった最大の爆発物は、旧ソ連が1961年に爆発させたツァーリボンベ（皇帝の爆弾）と呼ばれる水素爆弾で、その爆発力は50メガトンでした。これは第二次世界大戦で全軍（欧米・ソ連などの連合軍、日独伊の枢軸軍）が用いた爆発物の総量の10倍というものでした。

　TNTは、トルエンを硝酸HNO_3と硫酸H_2SO_4でニトロ化したものであり、ニトログリセリンは先に見たように、油脂から得られたグリセリンをニトロ化したものです。

　では、爆薬にニトロ基を持った物が多いのはなぜでしょうか。それは次の理由です。

■ 2-6-1　トルエンのニトロ化でTNT

　すなわち、爆発というのは燃焼の一種です。爆発が普通の燃焼と違うのはその反応速度です。一瞬のうちに燃え尽きる、これが爆発なのです。もちろん、燃えるためには酸素が必要です。酸素は空中に無尽蔵にありますが、一瞬のうちに燃料（爆薬）を燃焼し尽くすには供給力不足です。そこで、燃料の中に事前に酸素を仕込んでおく、そのような用途にあった置換基がニトロ基なのです。

　1個の置換基の中に2個の酸素があります。TNTなら1個の分子の中に6個の酸素です。ニトログリセリンに至っては1分子中に9個です。

　ちなみに、今でこそ爆薬といえばTNTですが、その昔、日清戦争の頃に日本軍が使っていた爆薬はピクリン酸というものでした。これは1分子中に7個の酸素を持っており、TNTよりも強烈でした。日本の日清戦争勝利の陰には、このピクリン酸という爆薬の存在があったといわれます。

　しかし、ピクリン酸には致命的な欠陥がありました。それはピクリン酸が「フェノールの誘導体」であるということです。先に見たようにフェノールは酸性でしたね。そのため、ピクリン酸は金属を腐食させるのです。腐食した砲弾を発射させたらどうなるか、わかるでしょう。自爆です。これでは砲弾など撃てるものではありません。このような経緯から、TNTが主力となったのです。

　爆薬は、平和的な社会を建設する上でも重要なものです。土木工事や鉱石採掘、建築現場の杭打ちなどに活躍しています。自動車のエア

6 窒素を含む有機化合物②ニトロ化合物、ニトリル化合物

バッグは瞬時に膨らまなければなりません。それを可能にするのも爆薬です。ということで、現在も新規爆薬の開発は精力的に行なわれています。

　図に示したオクトーゲンは、実用的な爆薬として最高の威力を持つとされています。またTNTHは実用には至っていないようですが、最高の爆発力を持つ物であり、その爆発力はTNTの4倍だそうです。

ニトロ基（酸素2個）

TNT（酸素6個）

ニトログリセリン（酸素9個）

ピクリン酸（酸素7個）

オクトーゲン（酸素8個）

TNTH

■ 2-6-2　爆薬と酸素の個数

窒素を調達する

　さて、このように見てくると、爆薬の製造にはニトロ基が必要であることがわかりました。つまり、それをつくるには硝酸が不可欠なのです。その昔、爆薬をつくるには硝石、硝酸カリウムKNO_3が必要であり、それはなんと、人尿を数年にわたって発酵させるなど、大変な思いをしてつくっていました。

　現在は、**ハーバー・ボッシュ法**という合成法によってつくったアンモニアNH_3を用いて、いともたやすく大量につくることができます。

　ハーバー・ボッシュ法は、空気中の窒素と、水の電気分解によって得た水素を数百気圧、数百度という過酷な条件で力づくで反応させてアンモニアをつくります。つまり、無尽蔵につくることができるのです。

　このようにしてつくったアンモニア、硝酸は爆薬としても利用されますが、大口の利用先は化学肥料です。化学肥料のおかげでこの狭い地球上に70億もの人間が生存することができるのです。

　現在、世界中で1年間に生産されるアンモニアの総量は1億6000万トンといわれます。植物が根粒バクテリアなどによって生産する量が1億8000万トンといいますから、同じ程度のアンモニアを人工的に合成しているのです。アンモニアをつくるには、水を電気分解しなければなりません。そのために必要とする電力量は、通常型の原子炉換算で150基分といわれています。

　現代の戦争が大規模化、長期化するようになったのはハーバー・ボッシュ法のせいだとする説もあります。火薬に必要なアンモニアを大量につくれるようになったためです。

　しかし、地球上に現在70億もの人々が生息できるのも、ハーバ

ー・ボッシュ法で得られる窒素化学肥料のおかげである、という面は忘れてはならないことです。

ニトリル化合物は取扱いに注意

　ニトリル基を持つ化合物のことを「**ニトリル化合物**」といいます。先に見たシアンヒドリン（第2章4節「カルボニル化合物」を参照）のように、ニトリル化合物には危険なものがあるので、その取扱いには注意が必要です。

　有機物ではありませんが、ニトリル基を持つ化合物の中に、青酸カリKCN（シアン化カリウム）や青酸ソーダNaCN（シアン化ナトリウム）があります。

　これらは服用すると胃酸で分解して青酸ガス（シアン化水素）HCNとなり、食道を逆流して肺に達することとなります。そこでヘモグロビンを助ける呼吸酵素と不可逆的に結合するため、ヘモグロビンは酸素運搬ができなくなるので、細胞が酸素不足になり、死に至るのです。

　このように猛毒の青酸カリですが、工業的に有用な化合物であり、各種有機化合物の合成、金属の精錬、メッキなどには欠かせません。そのため、青酸ソーダの生産量は、日本だけでも年間3万トンに達します。

　高分子の章で改めて解説しますが、アクリル繊維の原料のアクリロニトリルはニトリル化合物（第5章1節）ですし、新材料として注目される炭素繊維（第6章1節）もアクリロニトリルを原料としています。

7 産業的にも役立つ芳香族化合物

芳香族化合物は、研究的にも産業的にも非常に重要な有機化合物の一群です。

芳香族とは何か

芳香族化合物とは、ベンゼンを代表とした環状不飽和有機化合物のことで、一般に芳香族化合物は反応性に乏しく、「安定な一群の有機化合物」とされます。しかし、反応性に乏しいとはいうものの、特定の種類の反応は容易に起こします。また、安定な一群という説明はかなり漠然とした表現であり、曖昧です。

芳香族とは何かという定義に関しては、ヒュッケル則というのがあり、それによれば「芳香族化合物は環状共役化合物であり、環内にnを整数としたとき（2n+1）本の二重結合を持つ物」ということになります。

このような化合物の典型がベンゼン（3本の二重結合）やナフタレン（5本の二重結合）であり、特にベンゼン誘導体が芳香族として有名です。

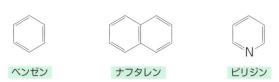

■ 2-7-1　芳香族ベンゼンの仲間

先に見たように、ベンゼン環は環状の非局在π電子雲を持っていました（第1章3節）。ベンゼンに限らず、芳香族化合物はすべてこのような環状π電子雲を持っています。さらに芳香環に共役系が結合した場合には、π電子雲が広がって分子全体を覆い、分子に特有の物性と反応性を与えます。

芳香族にはどのようなものがあるのか

　芳香族化合物は多方面で活躍していますが、身近な例を挙げてみましょう。

●アスピリン

　芳香族というと、アスピリンがあります。アスピリンというと、すぐに観音様を思い出します。観音様の図の中には、観音様が柳の小枝を持った、楊柳観音というものがあります。これは柳に薬理作用があることを示しています。柳の薬理作用についてはギリシア時代に早くも知られており、日本でも江戸時代には、虫歯の痛みを和らげるのに柳の小枝を噛んだといいます。

　近代になって、柳の小枝から薬理成分が分離され、それを化学的に再現したのが「サリチル酸」でした。しかし、サリチル酸は酸性が強く、服用すると胃に孔が開くというので、開発されたのがアセチルサリチル酸（商品名アスピリン）です。アスピリンは解熱鎮痛効果があり、アメリカ人はアスピリンに信仰に近い信頼を寄せているといいます。そのためか、アスピリンの年間消費量は、アメリカだけで1万6000トンにも達します。

　また、サリチル酸メチルは筋肉消炎剤であり、母体のサリチル酸は食品の防腐剤や、イボ取りなどとして活躍しています。サリチル酸に

アミノ基を導入したものはパスの名前で、結核の治療薬として用いられます。

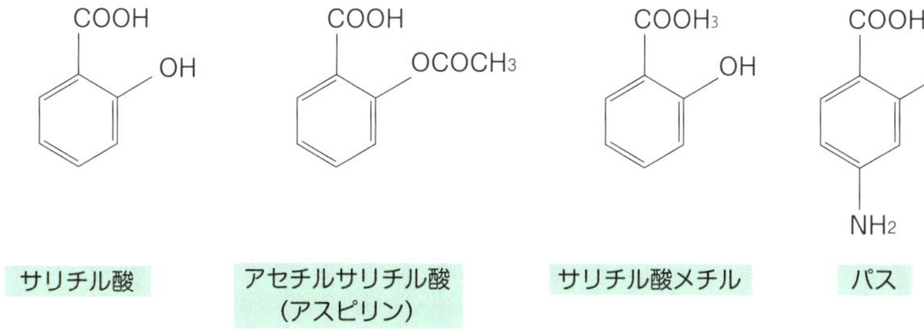

2-7-2　アスピリン系の仲間

サリチル酸　アセチルサリチル酸（アスピリン）　サリチル酸メチル　パス

● PCBも芳香族

有害物質として知られるPCBの基本骨格は、芳香族の一種です。PCBには多くの種類がありますが、中でも毒性の強いのは図のようなコプラナー（共平面）PCBと呼ばれる一群のものです。

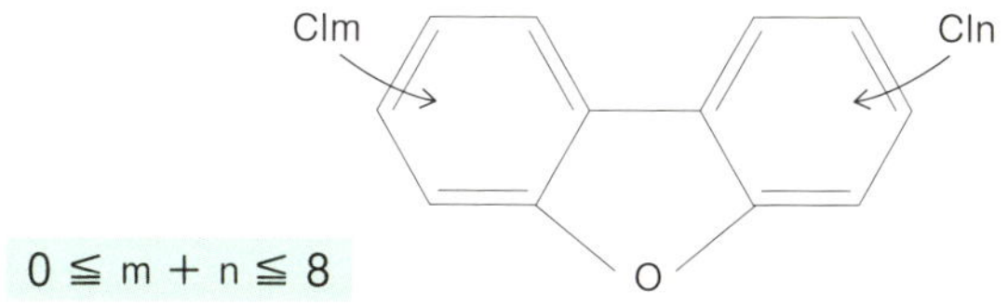

$0 \leq m + n \leq 8$

2-7-3　コプラナーPCBの例

PCBはフェニル基が2個連結したものです。この2個のフェニル基は共役できる位置関係にあるので、π電子雲は2個のベンゼン環に渡って拡がっているものではないか、と思うと間違いです。実は両方のベンゼン環の、結合位の近くにある水素が邪魔をして、2個のベンゼン環は共平面になることができません。したがって共役できないのです。

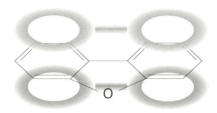

■ 2-7-4　コプラナーPCBのπ電子雲

　ところが、コプラナーPCBでは両環が共平面に乗って共役できるので、分子全体に広がったπ電子雲を構築することができます。この広域π電子雲が毒性を強めているものと思われます。

　なお、ダイオキシンも平面化合物であり、2個のベンゼン環が酸素を通じて共役し、三環全体に広がる大きなπ電子雲を形成しています。

第 3 章
有機反応が有機化合物を変化させる

　有機化合物の大きな特徴は、「化学反応を起こしやすい」ということです。化学反応を起こして他の分子に変化するのです。この特徴を利用したのが有機合成化学です。現代の有機合成化学は、欲しいと思う有機化合物は、わずかな例外を除けば、どのようなものでも合成できるほどに進歩しています。
　有機化学反応には多くの種類がありますが、酸化反応や、エステル化、アミド化などの脱水反応は既に紹介してきましたので、ここではそれ以外の基礎的な反応について見ていくことにしましょう。

1 有機化学反応の特徴をとらえる

　有機化合物が行なう反応を「**有機化学反応**」といいます。同様に無機化合物が起こす反応が「**無機化学反応**」です。

有機化学反応の特徴は「中間体」と「反応機構」

　関与する分子の違いを除けば、有機化学反応と無機化学反応の違いは、一口でいえばその「複雑さの違い」です。
　無機化学反応は多くの場合、「**イオン反応**」と呼ばれるもので、一口にいえば、

　　無機化学の反応　「A$^+$＋B$^-$→AB」

というものです。単純明快といえるでしょう。
　しかし有機化合物は「**共有結合**」でした。したがって**有機化学反応が進行するためには、①古い結合を切断、②新しい結合の生成、という2段階の異なる変化が必要**になります。
　また、有機化合物は一般に大きく、しかも構造が複雑です。このため、分子のどの部分が反応を起こすのか、ということも問題となります。AとBという2個の分子が反応する場合には、さらにAのどの部分とBのどの部分が反応するのかという問題が生じます。
　もう一つめんどうなのは、**有機化学反応は一度の反応で終了することはほとんどない**、という点です。多くの場合、AとBからCが生じたとして、そのCからDが生まれ、Dがさらに変化してEとなり、そ

れがまた変化して最終生成物のFとなります。

この場合、途中で生じた「C、D、E」のことを「**中間体**」と呼んでいます。それでは、これら中間体はいったいどのような化合物なのか、その構造はどういうものなのでしょうか。

このような反応の進行する経路を「**反応機構**」といいます。したがって、有機化学反応の場合、反応機構を解明することが非常に重要な問題として浮かび上がってくることになります。

反応機構を問題にせず、単に「AとBからFに変化した」と表現するとしたら、それは有機化学反応の表現とはいえません。せいぜいが「反応の種類」の表現に過ぎません。

「→」ではなく「＝」の反応は何が違うのか？

簡単な有機反応の表現では、見慣れた

$$A \to B$$

のように、左辺と右辺を「矢印」で結びます。これは中学・高校の化学によく出てきた形で、「反応が左から右へ進む」ということを示しています。それと同時に、「左辺と右辺の物質収支が必ずしも合っていない」ということも意味しているのです。

物質収支というのは、左辺と右辺の原子数だけではなく、エネルギーの収支もあわせた考え方です。そこで別の表現、つまり、

$$A = B + \varDelta E$$

のように、原子の収支を合わせたうえで、さらにエネルギー収支まで合わせた式が可能となります。この場合には両辺を「イコール」で結んで、特に「**熱化学方程式**」と呼びます。

それにもかかわらず、有機化学反応で「→」の式を用いるのは、もっと切実な理由があるのです。有機化学反応では生成物がただ一種類ということはほとんどありません。多くの場合、数種類の生成物が生じます。出発物Aが反応して、生成物としてB、C、Dが生成したとしましょう。このような場合、有機化学反応式では

$$A \rightarrow B + C + D$$

と書きます。そしてBが「**主生成物**」、CとDは「**副生成物**」というのです。この式では左辺と右辺をイコールで結ぶ、などということがありえないのはおわかりいただけるでしょう。

有機化学反応を進行させる力は何か？

●反応エネルギー

先ほど、「熱化学方程式では、物質収支だけでなく、エネルギーの変化をも記載する」といいました。では、なぜエネルギーの変化が起きるのでしょうか。

それは化合物がみな、固有のエネルギーを持っているからです。化学反応で化合物が変化するとき、変化するのは、本当は分子構造だけではありません。エネルギーも変化しているのです。

出発物Aと生成物Bのエネルギーを比べて、AのほうがΔEだけ高エネルギーだったとしましょう。すると反応が進行してAがBになったときにはΔEが余分のエネルギーとなって外部に放出されます。これを「**反応エネルギー**」といいます。このように、反応が進行するときにエネルギーを放出するような反応のことを「**発熱反応**」といいます。

炭が燃える時、燃焼熱が発生しますね。これは炭と酸素からなる出

発物のエネルギーが、二酸化炭素という生成物よりも高エネルギーだったことを意味します。そのため、両者のエネルギー差ΔEが燃焼熱として放出されたのです。

反対に、生成物のほうが高エネルギーだったとすると、この反応を進行させるためには外部からエネルギー差ΔEを供給しなければなりません。このような反応のことを「**吸熱反応**」といいます。

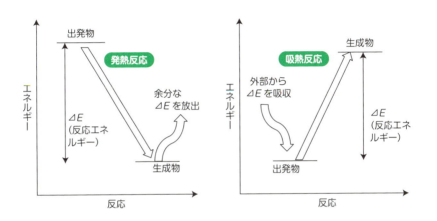

■ 3-1-1　有機化学反応は発熱反応と吸熱反応で

● 活性化エネルギー

炭を燃やせば燃焼熱が発生します。しかし、炭は空気中に置いただけでは燃えてくれません。マッチで着火し、加熱しなければなりません。進行をはじめれば熱を出す反応なのに、最初にその反応を進行させるために外部から熱を加えなければならない。これはどういうことでしょうか。

それを明らかにしてくれるのが、この節の冒頭で述べた「反応機構」です。いわば「反応の経路」です。炭素Cと酸素O_2は一気に反応して二酸化炭素$O=C=O$になるわけではありません。途中に「**遷移状態**」と呼ばれる三員環状態（経路）を通ります。

1 有機化学反応の特徴をとらえる

　そしてこの状態は、生成物よりも高エネルギーなのです。実際の反応というのは、いわばピクニックのようなものです。生成物が反応物に到達するためには、途中でエネルギーの高い山を越えなければなりません。マッチで火を着けたのは、このエネルギーを供給するためだったのです。そのエネルギーのことを「**活性化エネルギー**」といいます。

　しかし、ひとたび反応が始まってしまえば、次の反応の活性化エネルギーは反応エネルギー自身で賄うことができるのです。

　有機化学反応はいろいろです。発熱反応もあれば、吸熱反応もあります。活性化エネルギーの大きい反応もあれば、小さい反応もあります。それぞれによって反応条件は千差万別です。

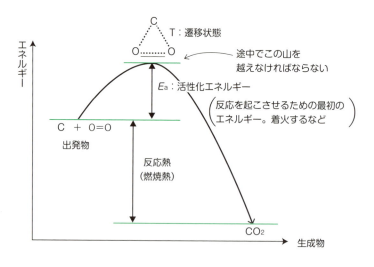

■ 3-1-2　反応を始めるために必要な「活性化エネルギー」

2 「置換反応」の理解がキホン

　有機化学反応のおおよその流れはわかったと思いますので、ここからは個別の反応について見ていくことにしましょう。

　有機化学反応は複雑とはいっても、実は「基本的な反応」がいくつか組み合わさったものと考えることができます。ですから、基本的な反応である、①**置換反応**、②**脱離反応**、③**付加反応**の3つの反応をしっかりと理解しておくことが大事なのです。

　まず、置換反応から見ていくことにしましょう。「**置換反応**」は、分子の置換基Xを他の置換基Yに置き換える反応のことをいいます。

　　置換反応　　　R−X ＋ Y⁻　⟶　R−Y ＋ X⁻

　■ 3-2-1　置換反応とは「置換基X　→　置換基Y」のこと

　置換基は分子の性質を決定するものでしたね。したがって、その置換基を変化させる「置換反応」というのは、分子の物性を大きく変えてしまう重要な反応である、と想像がつきます。置換反応を具体的に見てみると、

　　アルコール　＋　塩素イオン　→　塩化物

　　アルコール　＋　アンモニア　→　アミン

のように反応することで、塩化物やアミンが生成します。

　反応条件を適当に設定すれば、この反対の反応、すなわち塩化物か

らアルコール、アミンからアルコール、あるいは塩化物からアミン、アミンから塩化物を得ることも可能です。

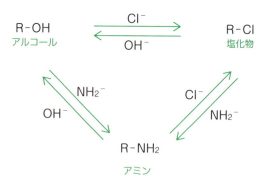

■ 3-2-2　反応条件によって反応に変化が起こる

このように見てくると、置換反応は非常に簡単な反応に見えますが、化学合成的には（産業としては）とても有用で重要な反応なのです。

置換反応─タイプⅠ

さて、置換反応は「非常に簡単な反応に見える」といいましたが、それは見かけだけのこと。実体は結構、複雑な反応なのです。

置換反応にもいくつかの種類があります。まず、代表的な置換反応である「タイプⅠ置換反応」の反応機構を見ておきましょう。

●タイプⅠ置換反応の反応の流れ

反応は2段階で進行します。まず、出発物R-Xがあったとして、このR-Xが自分勝手にイオン分解します。つまり、陰イオンX^-（置換基）と陽イオンR^+が生成します。このとき、フラついているR^+を陰イオンY^-（新しい置換基）が攻撃して結合すれば、R-Xに替わっ

て新しい生成物R-Yが生成する、という流れです。

この反応の第1段階は、R-Xが誰の力も借りず、自分一分子でいわば勝手に分解したことです。また第2段階では、陰イオンY⁻は静電引力に基づいて、他の分子のプラス部分（陽イオンR⁺）をめがけて攻撃します。

このような反応のことを「**求核反応**」と呼んでいます。

$$R\text{-}X \xrightarrow{I} R^+ + X^- \xrightarrow[Y^-]{II} R\text{-}Y + X^-$$

■ 3-2-3 タイプⅠ置換反応

なぜ「求核反応」という名前が付いているのか。それは、原子はプラスの原子核、マイナスの電子からできていますが、「まるで陰イオンが原子核を目指しているようだ」ということから、このような反応を「求核反応」と呼んでいるのです。

● 置換反応Ⅰから、何ができるのか？

では、求核反応によってどのようなものが生成物としてできるのでしょうか。次ページの図3-2-4を見てください。いま、不斉炭素（1個の炭素にカルボニル基、水素などバラバラに付いていて対称のない炭素）を持った光学異性体の片方Aが、「タイプⅠの置換反応」を起こしたとしましょう。

まず生じるのは陽イオンBです。Bは3個の置換基が平面状に配置された平面イオンです。したがって、Y⁻が攻撃する方向は次図のa、b、二通りがあることになります。

b方向から攻撃すれば、出発物と同じ立体構造のDが生成します。

しかし、a方向から攻撃すれば、反対構造のCとなります。a、bの確率は1：1です。したがって生成物はCとDの1：1混合物、す

なわち、ラセミ体が生成することになります。

　光学異性体の片方を反応させると、ラセミ体が生成する——これがタイプⅠ置換反応の特色です。

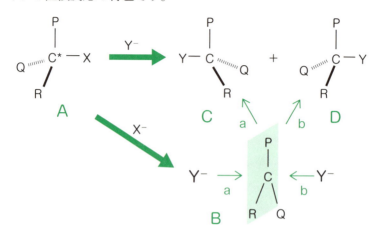

■ 3-2-4　光学異性体の片方を反応させると「ラセミ体」が生成

置換反応——タイプⅡ

　置換反応の反応機構にはもう一つあります。それはY⁻が直接R-Xを攻撃するものです。この過程は上で見たタイプⅠと異なり、2個の分子R-XとYが衝突して起こしたものです。

　この反応の特徴は、攻撃する試薬Y⁻が、脱離基Xの裏側から攻撃するということです。そして中間状態として1個の炭素に5個の置換基が結合した陰イオン状態Eを経由するのです。EからX⁻が脱離すれば、生成物のCとなります。

　すなわち、先のタイプⅠ置換反応ではCとDの混合物（ラセミ体）が生じましたが、タイプⅡではCの一種類しか生じないのです。

　このように、単純に考えれば置換基XがYに置き換わるだけの反応が、実際には、二種類の経路を通って進行しているのです。そして、

反応条件を適当に設定することによって、どちらかの反応を優先させることが可能です。

　有機合成では、このような精巧なテクニックが重要となり、それが有機化学の複雑さと共に、有機化学反応の面白味ということにもなります。

$$Y^- \longrightarrow \underset{\underset{R}{|}}{\overset{\overset{P}{|}}{C^*}} - X \longrightarrow Y - \underset{\underset{R\ Q}{}}{\overset{\overset{P}{|}}{C}} - X \xrightarrow{X^-が脱離} Y - \underset{\underset{R}{|}}{\overset{\overset{P}{|}}{C}} - Q$$

A　　　　　　　　E　　　　　　　　C

(中間の状態)

■ 3-2-5　タイプⅡではCの一種類しか生成しない

3 「脱離反応」では分子が抜け落ちる

　大きな分子から小さな分子が抜け落ちる反応のことを「**脱離反応**」といいます。小分子が抜け落ちたあとは、通常、二重結合になります。アルコールの脱水反応、塩化物の脱塩化水素、脱離反応にはいろいろのパターンがあり、アルケン（二重結合を1個だけ持つ鎖状炭化水素）誘導体の合成に用いられます。

脱離反応

$$R-\underset{\underset{X}{|}}{CH}-\underset{\underset{H}{|}}{CH}-R' \xrightarrow{-HX} R-CH=CH-R$$

X：OH　アルコール
　：Cl　塩化物
　：NH$_2$　アミン

■ 3-3-1　脱離反応で小さな分子が抜け落ちる

脱離反応の反応経路はどうなっているのか

　脱離反応のしくみは、途中までは前節「置換反応」で見た求核置換の反応に似ています。すなわち、出発物質Aから脱離基X$^-$が外れて中間体陽イオンCが生成します。ここまでは置換反応と同じです。しかし、この陽イオンを適当な試薬B$^-$が攻撃して、水素をH$^+$として外すと脱離反応（小さな分子が抜け落ちる）になるのです。
　生成物としてはDとEが可能なので、普通は両者が混じることになります。しかし、もし置換基Qが立体的に大きい場合は、その衝突を

避けるため、トランス体のEが主な生成物となります。

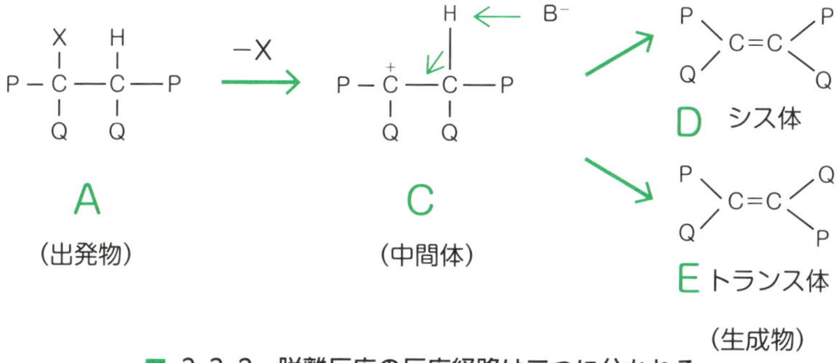

図 3-3-2　脱離反応の反応経路は二つに分かれる

主生成物は何で決まるのか？

出発物としてFを反応させた場合、C_3位の水素が外れると生成物はGとなり、C_1位の水素が外れると生成物はHとなります。このような場合には、表に示したようにGが主生成物となります。

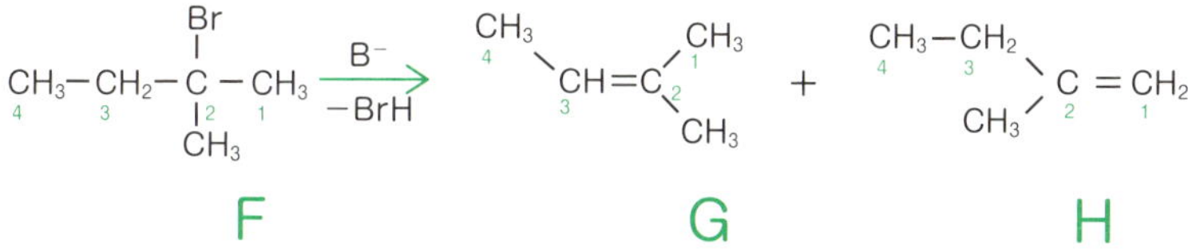

B^-	G	:	H
$CH_3-CH_2-O^-$	70	:	30
$CH_3-\underset{\underset{CH_3}{\vert}}{\overset{\overset{CH_3}{\vert}}{C}}-O^-$	27	:	73

図 3-3-3　主生成物は置換基の多いほうになる

それは、二重結合に付いている置換基の個数が、Gでは3個であり、Hでは2個だからです。すなわち、一般にアルケンでは、二重結合に付いている置換基の個数の多いほうが安定であることが知られて

113

います。そのため置換基の多いGが主生成物となるのです。

　ところが、陽イオン中間体を攻撃する試薬B⁻として立体的に大きいものを用いると、主生成物はHとなります。これは、出発物Aと攻撃試薬Bの立体的な要因によります。

　すなわち、次図に示したように、C_3位の水素は周囲を置換基で囲まれています。そのため、立体的に大きなB⁻ではこの水素を攻撃できないのです。太ったネコではタンスの隙間に入ったネズミを捕まえることができないのと同じ理屈です。

　このように有機化学反応では、分子の立体的な形、大きさという、まことに常識的なことも重要な意味を持つのです。

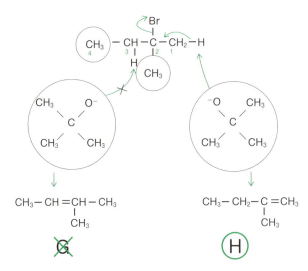

■ 3-3-4　出発物と試薬の大きさで生成物が決まる

4 「付加反応」は脱離反応の逆バージョン

　脱離反応と反対なのが「**付加反応**」です。これは不飽和結合（隣接する原子間で2価以上で結合している化学結合）に小分子が結合する反応のことです。

　水を付加すればアルコールができ、アンモニアを付加すればアミンが、塩化水素などのハロゲン化水素を付加すればハロゲン化物が生じます。

付加反応

$$R_2C = CR_2 + XY \longrightarrow R_2C(X) - CR_2(Y)$$

H—OH　　　　　アルコール
H—NH$_2$　　　　アミン
H—Cl　　　　　塩化物

■ 3-4-1　付加反応とは

金属触媒付加反応

　ニッケルNiやパラジウムPd等の金属を触媒として、不飽和結合に水素を付加する反応を特に「**接触還元反応**」といいます。この反応は金属の触媒作用の原理を教えてくれる反応です。

$$R-C \equiv C-R + H_2 \xrightarrow{Ni,Pd} \substack{R \\ H} C=C \substack{R \\ H} , \substack{R \\ H} C=C \substack{H \\ R}$$

A　　　　　　　Bシス体　　　　Cトランス体

■ 3-4-2　接触還元反応ではシス体だけができる

● 金属の結合は内部と表面では違う！

　金属は結晶からできており、金属結晶では金属原子が三次元に渡って整然と積み重なっています。単純化のため、金属原子を立方体として考えてみましょう。この場合、結晶の内部にある金属原子は、上下左右前後を6個の原子で囲まれています。これは6個の原子と結合していると考えてよいでしょう。

　ところが、結晶表面の原子を見てみると、5個の原子としか結合しておらず、1本の手をもてあましています。すなわち、金属結晶では結晶内部の原子と、表面の原子とでは結合状態が異なっているのです。これが「触媒作用のキーポイント」となります。

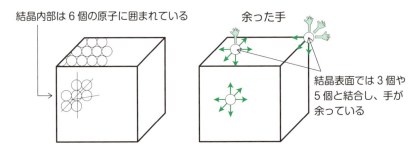

■ 3-4-3　金属材料における原子の結合状態

● 水素の反応性が高まり、シス体をつくる

　このような状態の金属表面に水素分子が近づくと、金属の余っている手が、水素分子をつかまえて結合してしまいます。すると、水素分子を構成していたそれまでの結合は、反対に弱まってしまいます。これは水素分子の結合が弱くなった、つまり反応性が高まったことを意味します。

　この水素の周りにアセチレン誘導体Aが近づくと、反応性の高まった水素分子が待ってましたとばかりに、Aを攻撃します。そしてこの際には当然、2個の水素原子が同じ側から攻撃することになります。

■ 3-4-4　水素が活発化してシス体をつくる

このとき、異性体の一つ「**シス体**」だけが生成するのです。

　この反応は、金属触媒がないと決して進行しません。触媒は一般に、「生成物を変えずに反応速度を変化させるもの」といわれます。しかし、多くの触媒反応というのは、実際には触媒がないと反応しないのです。触媒は有機反応に限らず、化学反応全般に不可欠のものといってよいでしょう。

トランス体ができる付加反応

　付加反応には、接触還元と反対に「**トランス体**」だけを与える反応もあります。たとえば、臭素 Br_2 がアルケン（二重結合を1個だけ持つ鎖状炭化水素）に付加する反応がそのような反応の典型です（次ページ図3-4-5）。

　この反応はまず、臭素分子 Br_2 が分解して陽イオン Br^+ と陰イオン Br^- に解離すると考えるとわかりやすいでしょう。Br^+ は、アルケンAの二重結合を構成する2個の原子に橋渡しをするようにして結合します。このようにして生成したのが中間体陽イオンBです。次にBを

Br⁻が攻撃すれば生成物となります。

　しかし、Bの上面は先ほどのBrが結合して塞がっています。Br⁻は下方から攻撃せざるをえないことになります。このため、一つのBrは上方から、もう一つのBrは下方からということでトランス体が生成するのです。

■ 3-4-5　トランス付加反応の流れ

環状付加反応

　もう一つ、非常に役立つ反応として**「環状付加反応」**があります。これは2個の不飽和化合物が、同時に二か所で結合して環状化合物を与えるものです。

　代表的な反応は次のようなものです。すなわち、共役化合物であるブタジエン誘導体Aとエチレン誘導体Bを反応すると、六員環化合物であるシクロヘキセン誘導体Cが生成します。この反応は、一段階で環状化合物を与え、しかも一般に高い収率で進行するため、合成的に有用な反応です。

　この反応は1981年に福井謙一、ホフマンのノーベル賞受賞に繋が

った、フロンティア軌道理論、軌道対称性理論のきっかけになった有名な反応です。細かく勉強すると興味の尽きない反応です。

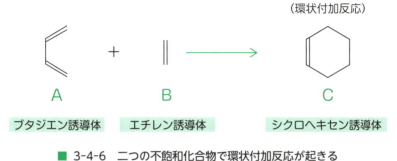

■ 3-4-6　二つの不飽和化合物で環状付加反応が起きる

5 芳香族化合物の特別な置換反応とは

　芳香族化合物は安定な化合物であり、それだけに反応には不活性です。しかし、特別な種類の反応にだけは活発に反応します。それが一般に「**芳香族置換反応**」と呼ばれる反応です。では、特別な種類とはどのようなもので、どのように反応するのでしょうか。

芳香族の電子的特色は？

　芳香族置換反応は、その名前の通り「置換反応」の一つです。ただし、先に見た置換反応が、「ある置換基Xを他の置換基Yに」置き換えたのに対して、芳香族置換反応では「水素Hを置換基Yに」置き換えます。
　芳香族置換反応にはもう一つの特色があります。それは置換基YがY^-として攻撃するのではなく、Y^+として、分子のマイナス部分を攻撃することです。
　なぜ、芳香族でこのようなプラスに帯電した試薬の攻撃が起こりやすいかというと、それは先にも見たように、ベンゼン環などの芳香環には非局在π結合電子雲が、あたかもドーナツのようにたくさん存在するからです。

芳香族置換反応の反応機構

　芳香族置換反応では、プラスに荷電した試薬Y^+がベンゼン環Aを

攻撃して、炭素に結合した陽イオン中間体Bを与えます。次にBから水素が陽イオンH$^+$として外れます。この結果、ベンゼン環に結合していた水素原子が新しい置換基Yに置き換えられて生成物Cになるのです。

■ 3-5-1 芳香族置換反応の機構

芳香族置換反応の種類

　芳香族置換反応にはいくつかの種類がありますが、違いは試薬Y$^+$の違いだけであり、反応機構はまったく同じです。たとえば、ベンゼンのスルホン化、ニトロ化、フリーデルクラフト反応でそれぞれ見てみましょう。

● スルホン化

　濃硫酸を加熱すると、SO$_3$H$^+$が発生します。これがY$^+$としてベンゼンと反応すると、ベンゼンスルホン酸が生成します。芳香族置換反応です。

　　　H$_2$SO$_4$ → SO$_3$H$^+$　＋　OH$^-$

● ニトロ化

　先に見たトリニトロトルエン（第2章6節）を与える反応がニトロ化です。硝酸と硫酸を作用させるとニトロニウムイオンNO$_2^+$が発生

します。これがY⁺としてベンゼンと反応します。生成物はニトロベンゼンです。

$$HNO_3 \rightarrow NO_2^+ + OH^-$$

● フリーデルクラフト反応

塩化アルキルR-Clと塩化アルミニウムAlCl₃を反応すると、アルキル陽イオンR⁺というものが発生します。これがベンゼンと反応するとアルキルベンゼンが生成します。

この反応は**フリーデルクラフト反応**と呼ばれ、ベンゼン環に炭素を結合する反応として特に重要なものです。このアルキル基を化学反応することによって、種々のベンゼン誘導体を合成することができるからです。

$$R-Cl + AlCl_3 \rightarrow R^+ + AlCl_4^-$$

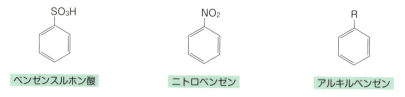

■ 3-5-2　フリーデルクラフト反応とベンゼン誘導体

置換基から別の置換基へ

前ページのようにベンゼン環と反応した置換基はさらに化学反応することによって、他の置換基に変化させることができます。

● フェノールの合成

前ページのスルホン化でできたベンゼンスルホン酸と水酸化ナトリ

ウムとを溶媒を使わずに混合加熱し（ナトリウムフェノキシドが生成）、それを弱酸で加水分解するとフェノールが生成します。フェノールはフェノール樹脂の原料など、有機化学工業で重要な原料です。

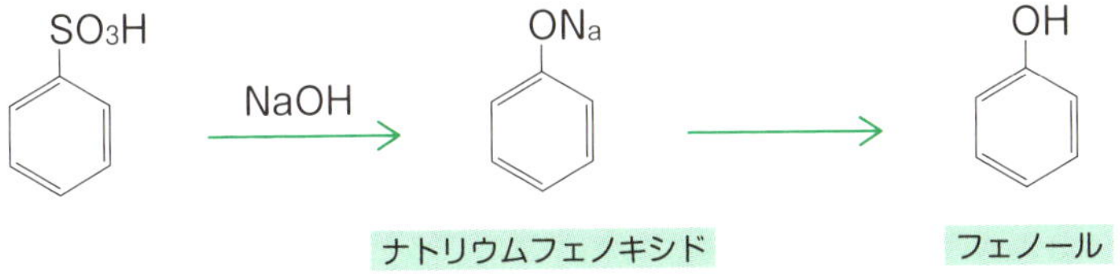

■ 3-5-3　フェノールの生成の流れ

● アニリンの合成

ニトロ化でできたニトロベンゼンを金属スズSnと塩酸で処理するとアニリンが生成します。

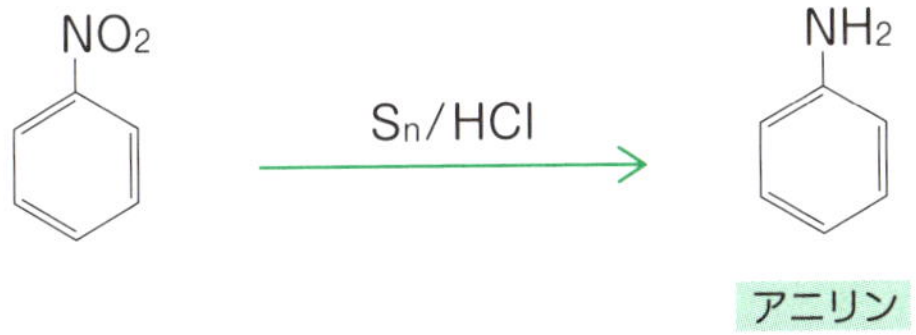

■ 3-5-4　アニリン生成までの流れ

● 安息香酸の合成

同じくフリーデルクラフト反応で得たアルキルベンゼンを酸化すると安息香酸が生成します。安息香酸は、安息香という植物香料から得られたことからこのような名前で呼ばれますが、ほとんど無臭です。

安息香酸は殺菌剤、防腐剤として使われるほか、各種工業原料として重要です。

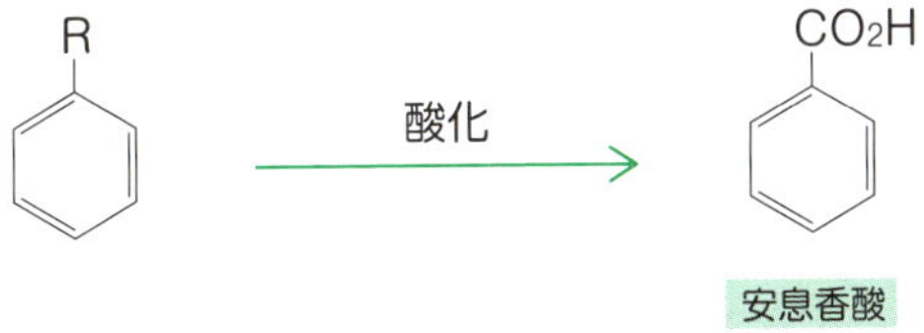

■ 3-5-5　安息香酸の生成までの流れ

●ジアゾニウム塩の合成とその反応

アニリンに塩酸HClと亜硝酸ナトリウムNaNO₂を反応させると、塩化ベンゼンジアゾニウムが発生します。これは各種試薬と反応して図のような生成物を与えます。そのため、合成の出発原料として重要です。

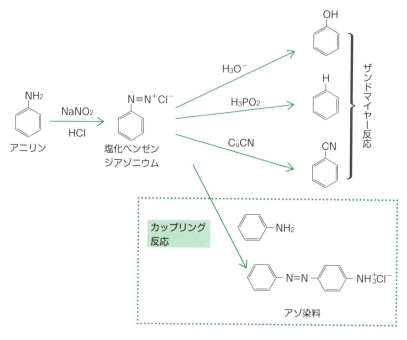

■ 3-5-6　ジアゾニウム塩の合成とカップリング反応

●カップリング反応

塩化ベンゼンジアゾニウムとフェノールやアニリン誘導体とを反応させると、一般にアゾ染料と呼ばれる化合物を与えます。この反応は**カップリング反応**と呼ばれます。アゾ染料は鮮やかな色彩を持つ化合物であり、各種染料、着色剤として用いられます。

6 熱反応が大半だが、光化学反応も……

　本章冒頭で見たように、有機化学反応の中には、試薬を混合するだけで進行するものもありますが、反応を起こすためには外部エネルギーを必要とするものもあります。

　多くの反応で加熱をするのは、熱エネルギーを供給するためです。しかし、エネルギーは熱エネルギーだけではありません。エネルギーの中でも光エネルギーを用いる反応を特に「**光化学反応**」といいます。

分子はエネルギーを受け取ると高エネルギー状態に

　熱エネルギーにしろ光エネルギーにしろ、すべての分子はエネルギーを受け取ると、高エネルギー状態となります。

●運動で加熱状態に

　分子を加熱すると、分子が受け取った熱エネルギーは何になるかというと、主に分子の運動エネルギーに変わります。その結果、分子は激しく動き回りますが、それだけではありません。原子間の結合距離は激しく伸縮運動を繰り返し、結合角も開いたり閉じたりを繰り返し、回転運動も激しくなります。

　このような状態を経由して起こるのが「**熱反応**」であり、ここまでに見てきた置換反応、脱離反応、付加反応など、すべての反応が「熱反応」でした。

●光照射で分子が変わる

　ところが、光エネルギーの場合には様子が異なります。光エネルギーを担うのは「光子」という粒子です。この粒子1個が、1個の分子に衝突することによって「分子に光エネルギーを与える」のです。1個の分子が受け取る光エネルギーは、熱エネルギーに比べて非常に大きいものがあります。

　その結果、分子はこのエネルギーを運動エネルギーではなく、電子エネルギーとして受け取ることになります。それによって、分子の電子エネルギー状態が劇的に変化するのです。これは、同じことが原子で起こったならば、原子が他の原子に変わってしまったほどの変化に相当します。

　同様に、分子の場合には、分子が他の分子に豹変したような変化に相当します。この結果、光反応と熱反応とでは、反応の様子がまったく異なることになります。すなわち、熱反応では決して起こらない反応が光反応では起こるのです。

熱反応と光反応との違い

　光反応のよく知られた例を見てみましょう。似たような反応が、熱反応と光反応とでまったく異なった結果をもたらすものがあります。

●水素移動反応

　図3-6-1で、化合物Aを加熱するとC_1位の水素がC_5位に移動して化合物Bとなります。しかし、光照射ではC_7位に移動して化合物Cとなります。

● 閉環反応の位置

化合物 A の熱反応では、水素移動反応物の他に、C_2-C_7 間で閉環した化合物 D が生じます。しかし、光反応では C_2-C_5 間で閉環した化合物 E が生じます。

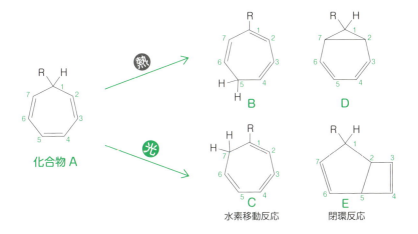

■ 3-6-1　光反応で生成する化合物

● 閉環反応の立体化学

化合物 F を加熱すると、閉環して六員環化合物 G となります。この置換基は分子面の同じ側にあるシス体です。ところが F を光反応で閉環させると、置換基が分子面の反対側にあるトランス体 H となります。

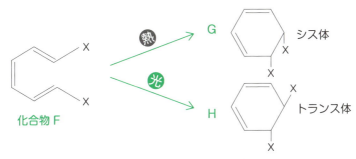

■ 3-6-2　光反応でトランス体が生成する

6 熱反応が大半だが、光化学反応も……

●光反応でしか進行しない反応

　熱反応では決して進行しない反応が光反応では進行することがあります。アルケン（二重結合を1個持った炭化水素）のシス・トランス異性化は熱反応では起こりませんが、光反応では起こることが知られています。

■ 3-6-3　光反応でアルケンは「シス⇄トランス」に

●軌道対称性理論の画期的なところ

　光反応と熱反応とで、なぜ反応がこのように違うのかは誰しもが興味を持つところでしょう。この現象は理論的にほぼ完全に解決されています。それが本章の4節の最後に福井謙一氏のノーベル賞に繋がったということで紹介した「軌道対称性の理論」「フロンティア軌道理論」あるいは「ウッドワード・ホフマン則」といわれるものです。

　この理論が出るまで有機化学者の中には、分子軌道法など有機化学には必要ない、と考える人もいたようです。しかし、それ以降、分子軌道は有機化学にとって必須の知識となりました。分子軌道法の理解なしに有機化学の研究を行なうことは、レーダー無しで太平洋に出航するようなものです。

第4章
高分子とはどのようなものか？

　身の周りを見回すと、いたるところプラスチックだらけです。プラスチックは化学的にいうと高分子という有機物の一種です。消しゴム、カーテン、衣服、パソコン、ケータイの外装などはすべてプラスチックの仲間であり、高分子です。現代生活は高分子で成り立っているといってよいほどです。
　それどころか、実は私たち自身も高分子製の生命体なのです。私たちが食べる米も野菜も魚も肉も、さらには、遺伝を司る神秘の化合物、DNAもまた高分子なのです。それほど隆盛を誇る高分子とはいったいどのようなものなのでしょうか。

1 分子量の大きなものが「高分子」だ！

　プラスチックや合成繊維のことを「**高分子**」といいます。「高分子」とは「分子量の大きいもの」という意味ですが、もちろん、単に大きいだけではありません。

天然の高分子、人工の高分子

　自然界にはプラスチックのような高分子でできたものがたくさん存在することを化学者は知っていました。デンプンやセルロースなどの多糖類、あるいはタンパク質などが高分子なのです。いわば天然の高分子です。

　ところが、19世紀になると天然高分子に対し、合成高分子（合成プラスチック）が登場してきました。ゴムに多量の硫黄を加えたエボナイトや、ベークライトと呼ばれたフェノール樹脂などがそれです。

　しかし、それはたまたま何かを混ぜたらできたというものにすぎず、その分子構造はもちろん、それができた反応機構（反応の経路）も一切はブラックボックスでした。

● 高分子の父・スタウディンガー

　「高分子とは何か」ということについては、かつて歴史的な論争がありました。1900年代初頭のことです。

　その頃にはすでに、「高分子は小さな単位分子からできている」ことは知られていました。このため、主流の考えとしては、「高分子と

は多くの単位分子が集合したものである」というものでした。

　これに敢然と立ち向かったのがドイツの化学者**スタウディンガー**で、1926年のことでした。彼は、「高分子とは単位分子が『共有結合』によって結合したもの」であると主張したのです。学会は従来の説とスタウディンガー説で二分されました。といっても実際は、スタウディンガー説は圧倒的に少数派という構図でした。

　しかしスタウディンガーはドイツ人らしい頑固さで自説を一切曲げず、精力的に実験をして膨大な実験データを収集し、それを用いて自説の正しいことを力説し続けました。結局、スタウディンガーの主張が正しいことが明らかになり、彼は1953年にノーベル賞を獲得したのでした。以来彼は「高分子の父」と呼ばれることになったのです。

● 高分子と似て非なる「超分子」

　このことからもわかるように、高分子とは「多数の単位分子が『共有結合』によって結合したもの」なのです。簡単にいえば、高分子は鎖のような物です。鎖は長くて複雑そうに見えますが、小さな輪が無数個繋がった単純なものです。

　一方、当時の大多数が主張した「単位分子が集合したもの」というものも、実は高分子とは別のものとして存在していました。それがシャボン玉や細胞膜のようなものでした。これらも単位分子が集まってできたものだったのです。しかし、単位分子間に結合は存在しません。共有結合の結合力よりはるかに弱い「**分子間力**」という力で引き合っているだけだったのです。

　これは高分子に対して、「**超分子**」と呼ばれ、現代化学において非常に重要なテーマですので、第7章で詳しく見ることにしましょう。

2 高分子の種類には どんなものが あるのか

　身の周りにある高分子の名前を挙げてみてください。どんなものがあるでしょうか。ポリエチレン、発泡スチロール、プラスチック、ゴム、ペット（ペットボトルのPET）、ナイロン、合成繊維、ポリカ、エンビ（塩ビ）、ビニール、アクリル樹脂……。これらはすべて「高分子」ですが、たくさんありすぎて共通点が見いだせません。ところで、これらの名前はいったい何を表しているのでしょうか。

　現代のプラスチック、高分子をわかりにくくしている最大の欠点は、実はこれらのネーミングなのです。上の名前の中の分類は、「山田さん、日本人、女性、花子さん、芸能人、アメリカ人…」など、個人名、国籍、男女の違い、職業別など雑多の分類による名前が入り混じっているからです。

　ということは、最初にこれらの名前を整理しなければ、高分子の全体を合理的に理解することはできないことを意味します。

単位分子の個数による違い

　スタウディンガーが明らかにした通り、高分子はたくさんの単位分子が「共有結合」で結合したものです。

　　高分子　＝　多数の単位分子　＋　共有結合

　そのため、「たくさん」を表すギリシア語の数詞「ポリ」から、高分子を一般に「**ポリマー**」といいます。

それに対して単位分子1個のことを、同じく数詞1を表す「モノ」から命名して「**モノマー**」と呼びます。通常はこれだけ知っていれば十分ですが、ついでに単位分子が2個結合したものはダイマー、3個結合したものはトリマー、そして10個程度が結合したものを「オリゴマー」と呼んでいます。オリゴマーというと、塗料や接着剤、化粧品などの原料にも使われていますので、名前を聞かれたこともあるかもしれません。

　では、高分子は単位分子の個数で分類できるのかというと、高分子はそれほど単純ではありません。実は、高分子の種類は余りに多すぎるので、それらを分類するには、常に「どのような基準で分類すればよいのか」が問題になります。

　分子構造の違いで分類する、形状や性質の違いで分類する、用途によって分類する……それぞれが意味のある分類法です。それが有機化学の中でも「高分子」理解の大変なところです。ただ、どのような分類で話が展開されているのかを知ると、理解に役立ちます。

　ここでは、「化学的な分類法」に従って分類してみましょう。

化学的な分類法とは──天然か、人工か

●天然高分子

　自然界に存在する高分子のことを「**天然高分子**」といいます。デンプン、タンパク質、DNAなどがその典型例です。羊毛や絹、綿などの天然繊維も天然高分子です。

●合成高分子

　人工的につくった高分子のことを「**合成高分子**」と呼んでいます。実は、一般に「高分子」という場合、その多くはこの「合成高分子」

のことを指します。多くの種類がありますが、合成高分子を大きく分けると、①熱可塑性高分子、②熱硬化性高分子の２つに分けることができます。

①熱可塑性高分子

ネーミングはむずかしそうですが、これが通常の「高分子」です。この高分子は、加熱すると軟らかくなります。熱可塑性高分子の仲間としては、以下のものがあります。

まず「合成樹脂（プラスチック）」です。これは樹脂状の高分子であり、一般に「**プラスチック**」と呼ばれます。プラスチックに熱を加えるとゆがんだり、溶けたりします。「熱可塑性」の典型ですね。これには、ポリエチレン、ナイロン、ペットなど多くの種類があります。

プラスチック以外にも、「合成繊維」という熱可塑性の高分子があります。これも服などを購入するとき、よく聞く名前です。合成繊維は高分子の分子鎖を一定方向に揃えたもので、分子構造はプラスチックと同じですが、分子の集合状態がプラスチックとは異なります。合成繊維の仲間には、ナイロン繊維、アクリル繊維、ポリエステル繊維などがあります。

②熱硬化性高分子

普通のプラスチックと違い、加熱しても軟らかくならない高分子のことです。熱を加えても形が崩れない特性を持つため、食器や調理器具、コンセントなどの用途に使われます。コンセントは熱が溜まりやすいですが、それで形が変わっていては役目を果たせなくなってしまいます。熱硬化性の高分子としては、メラミン樹脂、フェノール樹脂、ウレア（尿素）樹脂などがあります。

③ゴム

ゴムは②の「熱硬化性高分子」に分類されることもあります。しか

し最近は熱可塑性エラストマー（熱可塑性ゴム）が発展し、熱可塑性高分子との境界が不鮮明になっていますので、あえて③として分類しておきました。

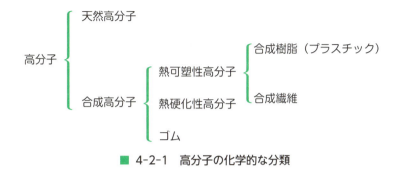

■ 4-2-1　高分子の化学的な分類

その他の高分子の分類

　高分子の分類としては、以上のような化学的特性による分類ではなく、使用目的に応じた実用的分類もよく使われます。

①エンプラ──熱可塑性

　「エンプラ」と略されて呼ばれるもので、正式には「**エンジニアリングプラスチック（工業用プラスチック）**」を略した言葉です。熱可塑性樹脂の一種ですが、耐熱性の高いことが特徴であり、自動車のエンジン回りに使うことができるものもあります。また、硬度も高く、現代の防弾チョッキはほとんどすべてがエンプラ性です。ただし、製造量も使用量も少なく、その分、高価です。

　ナイロン、ポリカーボネート、ポリアセタールを「**三大エンプラ**」と呼ぶこともあります。エンプラの中でも性能の優れたものを特にスーパーエンプラと呼ぶこともあります。

②汎用樹脂

　一般家庭用に使われる熱可塑性樹脂を「**汎用樹脂**」と呼ぶことがあ

ります。こちらはエンプラとは違い、大量生産されるため一般に安価です。ポリエチレン、ポリプロピレン、ポリ塩化ビニルの三つを「**三大汎用樹脂**」ということもあります。

3 高分子のほとんどは熱可塑性高分子＝プラスチック

　私たちが接する高分子のほとんどは、前節で述べた「**熱可塑性高分子**」、すなわち「**プラスチック**」です。熱可塑性高分子とは加熱すると軟らかくなり、常温（15～25℃）に戻ると硬くなる高分子のことをいいます。この性質を利用して容易に成形することができます。

　多くの人はプラスチックのことを知っているので「そんなことは当然」と思っている人も多いと思います。しかし実は、これは当たり前ともいえないことなのです。それは少しあとで見ることにして、ここでは大量に使われている「熱可塑性高分子」、すなわちプラスチックについて見ることにしましょう。

熱可塑性高分子の構造

　熱可塑性高分子（プラスチック）の典型は「**ポリエチレン**」です。これは常温では硬くて丈夫な容器です。しかし、熱湯を入れるとたちまち軟らかくなって、手に持つのさえ危なくなります。もっと加熱するとドロドロの液体状になります。これを鋳型に入れて冷却すると、その型どおりの物体ができます。まさしく「熱可塑性」の良いところです。

　ポリエチレンの「ポリ」とは、前にも述べたようにギリシア語の「たくさん」を表す数詞であり、エチレン$H_2C=CH_2$は最も簡単な構造のアルケン（二重結合を1個持った炭化水素）です。

$$n H_2C=CH_2 \longrightarrow H{-}(H_2C-CH_2)_n{-}H \equiv H{-}(CH_2)_m{-}H$$

エチレン　　　　　　　　　　ポリエチレン

■ 4-3-1 「ポリ」とは「たくさんの集まり」の意味

　これからわかるように、ポリエチレンはエチレンがたくさん共有結合してつくった長い分子です。エチレンの個数は数千個〜数万個に達します。熱可塑性高分子の分子構造は、すべてこのように長い長い分子鎖となっています。そして熱可塑性高分子の性質の多くは、このように分子が長大である、というところから来ているのです。

熱可塑性高分子の種類は無数

　一般に用いられる高分子のほとんどは熱可塑性高分子です。種類は非常に多いので、その代表的なものだけを見てみましょう。

● ポリエチレン誘導体

　ポリエチレンはエチレンがそのπ結合を切断し、自由になったπ結合電子を使って互いにσ結合（シグマ）して連結したものです。したがってエチレンの$(CH_2\text{-}CH_2)$が単位分子となってはいますが、実際は「CH_2単位が繋がったもの」と考えてよいことになります。

　そのCH_2単位の個数は、前述のように「数千個〜数万個に達する」わけですから、ポリエチレンは先に見た「アルカン（一重結合だけでできた鎖状炭化水素）の一種」であるということを意味します。アルカンを構成する炭素の個数と、そのアルカンが一般に何と呼ばれるかは以前に示した通りです。次の表を見ると、ポリエチレンを見る目が

変わるのではないでしょうか。

　ポリエチレンの単位分子であるエチレン（H₂C=CH₂）の水素Hを他の原子、あるいは他の置換基に換えたものを一般に「**ビニル化合物**」と呼んでいます。このビニル化合物もポリエチレンと同様に高分子をつくることができます。そのような高分子の主なものを表にまとめました。

名　称	モノマー	ポリマー	用途
ポリエチレン	H₂C = CH₂	―(H₂C―CH₂)ₙ―	容器、フィルム
ポリ塩化ビニル	H₂C = CHCl	―(H₂C―CH)ₙ― 　　　　Cl	容器、フィルム
ポリプロピレン	H₂C = CHCH₃	―(H₂C―CH)ₙ― 　　　　CH₃	容器、フィルム
ポリスチレン	H₂C=CH―〇	―(H₂C―CH)ₙ― 　　　　〇	容器、フィルム 発泡スチロール
ポリアクリロニトリル	H₂ = C = CHCN	―(H₂C―CH)ₙ― 　　　　CN	合成繊維
ポリメタクリレート	CH₃ H₂C=C 　　　COOCH₃	CH₃ ―(H₂C―C)ₙ― 　　　COOCH₃	有機ガラス、水槽 コンタクトレンズ

■ 4-3-2　主な高分子と用途

● ポリエチレン誘導体の性質と用途

　ポリエチレン誘導体の種類は大変に多いので、その中で、ポリ塩化ビニル、ポリスチレン、ポリメタクリレートの3つについてだけ、その主だった性質と用途を上げてみましょう。

① 塩ビは硬いが、製品は軟らかい？

　「**ポリ塩化ビニル**」は略して「**エンビ（塩ビ）**」といわれます。元々は硬い樹脂ですが、塩ビ製のチューブやフィルムは軟らかいですね。なぜでしょうか。それは塩ビ自体は硬いのですが、そこに可塑剤と柔軟化剤が混ぜられて製品化されているからです。その量は時として製

品重量の半分以上を占めることもあります。ベトナム戦争の頃、負傷米兵の輸血器具にエンビを用いたところ、ショック状態を起こす兵士が現れて問題になったことがありました。可塑剤が血液中に溶け出したのが原因といわれています。なお、配合割合などの詳細は企業秘密のようです。

②ポリスチレン──発泡スチロール

　次に「**ポリスチレン**」といえば、いちばん有名なのが発泡剤を混ぜて泡状にして固めた「発泡スチロール」です。発泡スチロールには空気がたくさん含まれていますので、断熱性、耐衝撃性に優れ、エアコンや住居の断熱材、梱包材として用いられます。また、比重が小さく、耐腐食性も高いので、土木建築物、例えば堤防の芯材などにも使われています。

③アクリル樹脂、有機ガラス──巨大水族館の水槽

　3つめの「**ポリメタクリレート**」は一般に「**アクリル樹脂**」と呼ばれます。透明度が高いので「有機ガラス」とも呼ばれます。溶剤に溶けやすいので、溶接が容易です。そのため、建築現場で小さいブロックを溶接して巨大透明容器をつくることが可能です。巨大水族館ができるようになったのはこの高分子のおかげです。

● ナイロン──鋼鉄よりも強く、クモの糸よりも軽い！

　熱可塑性の高分子としては、「**ナイロン**」も忘れることはできません。デュポン社の若い科学者、カラザースがナイロンを開発したのは1935年のことでした。「鋼鉄よりも強く、クモの糸より細い」という名キャッチフレーズに乗って、ナイロンは華々しく合成繊維時代の幕を切って落としたのです。しかしこの時、カラザースは自殺した後でした。ノイローゼ（今でいう鬱病）が原因だったのではないかといわれています。

ナイロンはヘキサメチレンジアミンというアミノ基を2個持った分子と、アジピン酸というカルボキシル基を2個持った分子がアミド結合という方法で繋がったものです。そこでこのような結合によってできた高分子を一般に「**ポリアミド**」といいます。

　ナイロンはストッキング、登山ザイル、ロープ、漁網などとして多くの分野で活躍しています。

　ところで、井上靖の小説に『氷壁』があります。登山の途中にナイロン製のザイル（ロープ）が切れ、友人が滑落死したことを描いた小説です。本来、ナイロン製ザイルの公表強度では切れるはずが無かったのですが、なぜか、切れてしまった……というものです。

　これは、何もない空間でナイロンロープに荷重をかけた場合と、ナイロンザイルが岩などの突起物に当たった場合とでは、耐久度が大きく異なることに原因がありました。

　このことを製造者が認めるまでには多くの曲折がありましたが、結局、ナイロンザイルは使用されなくなりました。しかし、そこに至る間に多くの犠牲者を出したとされています。

　材料の強度、耐久力は、使用条件に大きく依存するということを教えてくれた事件でした。

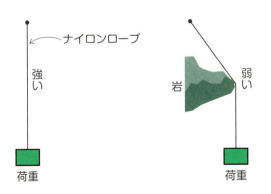

■ 4-3-3　突起物に当たったときの荷重

●ペット

　ペット（**PET**）はポリエチレンテレフタラート Polyethyleneterephthalate の略であり、エチレングリコールとテレフタル酸の間の「エステル結合」でできた高分子です。このようにエステル結合でできた高分子のことを一般に「**ポリエステル**」といいます。

　ポリエステルはペットボトルなどのプラスチックとして利用される他、テトロンなどの名前で、ポリエステル繊維としても活躍しています。用途としては、自動車用のシートベルト、漁網、ネットほか、さまざまなものに使われています。

4 熱可塑性高分子の性質を見る

結晶性で見てみよう

　一般に熱可塑性高分子でできた固体を「プラスチック」あるいは「合成樹脂」と呼びます。固体にはいろいろの種類があります。氷も金属もガラスも固体です。とすると、固体とはそもそも何でしょう。

● 固体の種類を分類すると

　固体は**結晶**と**アモルファス**の二種類に分けることができます。結晶というのは、原子や分子が三次元に渡って整然と積み重なったもののことです。氷の結晶構造は図のようになっています。

■ 4-4-1　氷の結晶構造

　この構造はダイヤモンドの結晶構造と同じものです。結晶はさらに二種類に分けることができます。

① **単結晶は透明**

　氷はどのように大きくても、氷の隅々までこの結晶構造が貫徹して

います。切れ目も継ぎ目も境目もありません。このよう結晶を「単結晶」といいます。一般に単結晶は透明です。

②**多結晶はなぜ不透明か？**

ところが透明だったはずの氷を砕いてみましょう。砕いた「かき氷」は白くて不透明です。かき氷は小さな氷結晶の集まりであり、光が結晶表面で乱反射されるため、不透明になったのです。このようなものを「**多結晶**」といいます。金属は顕微鏡スケールの小さな結晶が集まったものであり、多結晶です。

③**アモルファス**

ところが、ガラスは結晶ではありません。ガラスの成分は二酸化ケイ素SiO_2です。これが単結晶になったものが「水晶」です。水晶の断面は六角形の柱状であり、先端のとがった透明で美しい鉱物です。

結晶として規則的な状態にある氷を融かせば、規則性を失って乱雑となり、その代わり流動性を獲得して液体の水となります。そして、水を冷やせばまた元の結晶の氷に戻ります。

ところが水晶の場合、1700℃ほどの高温で加熱すると融けてドロドロの液体になりますが、この液体を室温に戻しても、水晶には戻りません。ガラスになるのです。では２つの違いはなんでしょうか。

ガラスは固体ではありますが、結晶ではありません。ガラスを構成する分子の状態は、実は液体状態と同じなのです。つまり、ガラスには規則性は一切なく、まったくの乱雑状態です。ただ、液体状態と違って、分子は運動能力を失っています。簡単にいえば、「液体状態のまま固定された状態」、それがガラスなのです。このような状態をガラス状態、非晶質固体、あるいは「**アモルファス**」といいます。

●**透明プラスチック、不透明プラスチックを分けるのは？**

図4-4-2はプラスチックを構成する高分子の状態の模式図です。長

い高分子鎖が混じり合った状態になっています。これが「アモルファス状態」です。ところが、ところどころに高分子鎖が同一方向を向き、束ねられたようになっている部分もあります。ここを「結晶性部分」といいます。このように、**「結晶性部分」と「アモルファス部分」とが混じっているのがプラスチックの特徴**です。

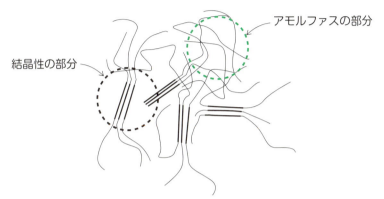

■ 4-4-2 プラスチック構造は2つの部分でできている

　そして、結晶性部分の少ないプラスチックは、光の反射が起きないので透明になります（透明プラスチック）。反対に、結晶性部分の多いプラスチックは、そこで光の乱反射が起きるので不透明になります（不透明プラスチック）。

　不透明なプラスチック、つまり結晶性部分の多いプラスチックにも大きな利点があります。それは結晶性部分では、高分子鎖の間隔が狭くなることです。狭くなるということは、1本の矢では折れてしまうが、3本束ねれば折れないという、毛利元就の3本の矢の喩えのように、強靭になることを意味します。

　また、結晶性部分が多いと、分子間に他の分子が入り込むことが困難になります。ということは酸素などの小分子が侵入しにくくなるので、空気酸化が起きにくく、耐薬品性も強くなります。またフィルムにした場合の防臭機能も高くなります。

● 合成繊維

　合成繊維とプラスチックは、化学的に見た場合、まったく同じものです。両者を構成する高分子鎖の集合状態が異なるだけです。すなわち、繊維では隅から隅まで結晶性なのです。

　それでは、アモルファス状態のプラスチックをどのようにして結晶性にするのでしょうか。簡単です、引っ張ればよいのです。溶融状態の高分子を細いノズルから押し出し、これを高速回転するローラーに巻きつけて強制的に延伸するのです。その結果、繊維ではすべての高分子鎖が繊維方向に揃って結晶化します。

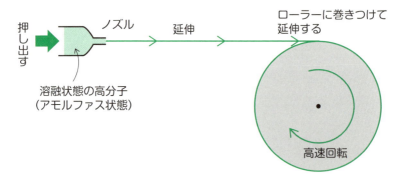

■ 4-4-3　アモルファスを結晶性にする方法

　化学的に同じ構造の高分子が、プラスチックの場合には熱湯を入れるだけで軟らかくなるのに、繊維状にすることでアイロンの高熱にも耐えられるのはこのためです。

融ける温度が2つあるのがプラスチックの面白さ

　一般に、熱可塑性高分子は温めると軟らかくなります。実際、どのような温度で性質がどう変化するのか、その関係を詳しく見てみましょう。

図4-4-4は結晶性高分子を加熱した場合の体積変化です。すべての物体の場合と同様に、高分子も温めれば膨張して体積が増加します。低温の場合にはいわゆる固体プラスチックです。しかし温度T_gを超えると弾力性が出てきます。これはプラスチックの構造のうち、結晶性ではない、つまりアモルファス部分に流動性が出たことを意味します。この温度を「**ガラス転移温度**」といいます。

　さらに高温にしてT_mにすると、急に体積が増加して軟らかいゴム状になります。これは今度は結晶性部分が融解したことを意味します。この温度を「**高分子の融点**」といいます。さらに高温になると完全に融けて液状の高分子になってしまいます。

　このように、ガラス転移温度と融点という、物性の変化する温度が2点あるというのがプラスチックの特徴です。

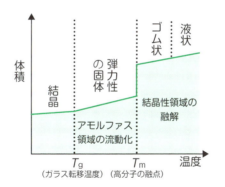

■ 4-4-4　結晶性高分子を加熱したときの体積の変化

5 熱硬化性高分子をつくる

　加熱しても軟らかくならない高分子のことを「**熱硬化性高分子**」と呼びます。熱に耐えられるので、食器、加熱調理器具、電気のコンセント、接着剤などに用いられます。しかし、高温に耐えるとはいっても、加熱を続けるとどうなるでしょうか。木材と同じように焦げて黒くなってしまいます。

　一般には熱硬化性樹脂もプラスチックと呼びますが、加熱すると軟らかくなるのが樹脂（プラスチック）の必要条件であるということで、プラスチックに含めないという立場もあります。

熱可塑性は「鎖状」、熱硬化性は「網状」構造

　熱硬化性高分子の特徴がどこにあるかというと、その分子構造にあります。前節で見た熱可塑性高分子（一般にいうプラスチック）の分子構造は「長い鎖状」でした。そのため、高温になると高分子鎖の振動などの分子運動が激しくなり、それが軟化の原因となりました。

　ところが、熱硬化性高分子の分子構造は鎖状ではなく、「網目状」となっています。高分子の分子鎖がところどころで結合し、網目構造をつくっているのです。すなわち、製品の隅から隅まで、分子の網目が広がっている、ということです。これは「製品全体が1個の分子」といってよいような状態です。

　そのため、たとえ高温になっても、分子は互いに結び合っているため、分子運動をしようにも限度があります。これが高温でも軟化しな

い最大の理由です。

どのようにして網目構造にするのか？

このような網目構造をつくるには、独特の合成法があります。フェノール樹脂を例にとって合成法を見てみましょう。

● 網目構造はこうしてつくられる

フェノール樹脂の原料は、フェノール1とホルムアルデヒド2です。ホルムアルデヒドは先に見たように、悪名高い分子です。

フェノールには反応しやすい部分が3か所あります。これが重要な点です。C_1、C_3、C_5位です。1のC_1位に2のホルムアルデヒドが反応するとアルコール3ができます。ここに1のC_1位が反応すると2個のフェノールグループがCH_2で連結した4となります。このような反応がC_3、C_5位で繰り返されると網目構造の5となります。これが熱硬化性高分子の網目構造なのです。

■ 4-5-1　CH_2の網目構造がつくられるまで

● 消えたはずのホルムアルデヒドが……なぜ？

この反応で、2のホルムアルデヒドがどのように変化したかを見てみましょう。反応機構でわかるように、最終的にはCH_2になったのです。つまり、有毒物質のホルムアルデヒドは、製品高分子のどこにもなく、消えてなくなったのです。

これが化学反応の面白さです。原料に毒物を用いようと劇物を用いようと、最終の生成物になってしまえば、そのようなものは影も形もなくなってしまうのです。

にもかかわらず、熱硬化性高分子を接着剤として用いた合板が、シックハウス症候群の原因になるといわれるのは、なぜでしょうか。それは、非常に低い割合ですが、未反応のホルムアルデヒドが製品中に残ってしまい、それが製品から浸出して問題を起こすのです。シックハウス症候群が新築の家で起きやすいのはそのためです。時間が経てばホルムアルデヒドは出尽くしてしまいます。

どう製品の形にするか

加熱しても軟らかくならず、まして液体になるはずもない熱硬化性高分子。さて、そんな難物を製品の形に仕上げる（成形する）には、鋳型は使えません。どのようにするのでしょうか。

鋳型ではなく、人形焼の原理です。原料として熱硬化性高分子になる前の段階、すなわち、網目構造の生成が不十分な段階の原料を用いるのです。この、いわば赤ちゃん高分子を成形の型に入れて加熱すると、成形器の中で架橋構造（架橋：ポリマー同士を連結し、物理化学的な性質を変える反応）が進行し、焼き上がったときには成形器の形の熱硬化性高分子ができているというわけです。

熱硬化性高分子という名前は、この赤ちゃん高分子の名前であると

考えれば、理解できるのではないでしょうか。

熱硬化性の種類は

熱硬化性高分子には、先ほどの例で見たフェノール樹脂の他、ウレア（尿素）とホルムアルデヒドからできた**ウレア樹脂**（尿素樹脂）、メラミンとホルムアルデヒドからできた**メラミン樹脂**がよく知られています。メラミン樹脂は丈夫で、美しい光沢を持っているので高級家具の表面材などに用いられます。

■ 4-5-2　熱硬化性高分子の尿素とメラミン

先年、中国で粉ミルクにメラミンが混ぜられて問題になりました。なぜメラミンを混ぜたのか。それはメラミン分子の中に窒素原子が6個も含まれているからです。中国では、酪農家が牛乳に水を混ぜて不正増量することが問題になっていました。それを取り締まるために、牛乳中のタンパク質量をチェックすることにしたのです。

しかし、現実問題として、タンパク質量を分析するのは技術的に大変です。そこで牛乳中の窒素量を計ることに簡易化しました。それならば水ではなく、窒素を大量に含むメラミンを入れてしまえ、となったわけです。

化学の知識を持つ人の策略だったのでしょうが、不十分な化学の知識がアダとなった事件です。

6 天然高分子には どんなものが あるのか

　高分子といえば「合成高分子」といってきましたが、人類が合成高分子をつくるずっと以前から、自然界には多くの高分子が存在していました。このような物を「**天然高分子**」と呼んでいますが、その主なものをご紹介しましょう。

▍タンパク質も高分子

　第2章でも見たように、タンパク質とは20種のアミノ酸を単位分子とする高分子です。しかし、アミノ酸が多数結合した物、すなわちすべてのポリペプチドがタンパク質と呼ばれるわけではないことに注意してください。すなわち、特定の再現性ある立体構造と、特定の機能を持ったポリペプチドだけがタンパク質と呼ばれるのです。

▍デンプン、セルロースも高分子

　デンプンもセルロースも、グルコース（糖の一種）を単位分子とする高分子です。ただしグルコースは、環状構造と鎖状構造の間を変化し続けています。そして、環状構造には図4-6-1のように、α型とβ型の2通りがあります。
　「**デンプン**」はαグルコースを単位分子（図4-6-2）とし、「**セルロース**」はβグルコースを単位分子（図4-6-3）とした高分子です。
　したがって、セルロースも加水分解すれば、デンプンと同様のグル

コースとなり、人間の栄養源となります。ただし、人間の場合、残念ながら酵素の関係で自前でセルロースを分解することができません。将来、食料が不足した時には、セルロースを化学的に分解するか、あるいは適当な微生物を使って分解してグルコースをつくる、ということが検討されるかもしれません。

■ 4-6-1　グルコース——環状と鎖状の構造を行き来する

■ 4-6-2　デンプン——αグルコースの構造

■ 4-6-3　セルロース——βグルコースの構造

第4章　高分子とはどのようなものか？

153

DNAも高分子？

　DNAは、それぞれアデニン（A）、グアニン（G）、シトシン（C）、チミン（T）という塩基を主成分とする4種の単位分子を持つ高分子です。DNAは高分子という観点から見た場合、非常に単純なものですが、その［二重らせん構造〜分裂〜複製〜遺伝］に関係する機能という観点から見れば、最高の機能性高分子ということができます。

■ 4-6-4　DNAは4種の塩基でできた二重らせん構造

第5章
有機反応が有機化合物をつくる

　有機化学の研究分野の一つに、有機合成化学というものがあります。これは、すでに知られている有機化学反応を用い、さらにそれを組み合わせて、目的の有機化合物を人為的に合成しようというものです。この研究によって、私たちは医薬品、農薬、洗剤、あるいは衣服、プラスチックなどを享受することができるのです。
　基本的な化学物質の合成の仕方はすでに説明してありますので、ここではそれ以外の、少々進んだ有機合成化学について見ていくことにしましょう。

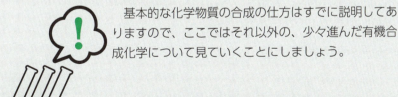

1 アルコール類を合成・発酵する方法

　有機合成化学というと、試験管とフラスコで化学物質をつくるものと考えがちです。しかし、それだけではありません。最近では人間以外の力、すなわち、微生物の力を借りた合成法が重要になってきています。「**発酵**」といわれる方法です。

エタノールのさまざまな合成法

　エタノールの化学的な合成は簡単です。先の章で見た（第3章4節）アルケン（二重結合を1個持った炭化水素）に対する付加反応です。つまり、エチレンに水を付加するだけのことです。このようにしてつくったエタノールを「**合成エタノール**」と呼ぶこともあります。

　現在では大部分のエタノールは微生物の発酵によってつくられています。グルコース（糖の一種）に酵母を働かせると、アルコールの発酵によってエタノールと二酸化炭素が発生します。このエタノールを蒸留によって単離するのです。

　ブドウにはグルコースがたくさん含まれ、その果皮には天然の酵母が付着しています。したがって、ブドウをつぶして保存すれば、そのまま自動的にアルコール発酵が進行します。ブドウ酒が古くからつくられてきた由縁です。

　しかし、米にはグルコースはなく、デンプンしかありません。酵母を働かせるには、デンプンを加水分解してグルコースにしなければなりません。そのために用いるのが「麹」です。したがって、日本酒造

りは、
　①麹によるデンプンの加水分解
　②酵母によるグルコースのアルコール発酵
という二種類の過程を同時進行させるという高度な技術を用いているのです。

なお、ウイスキーの場合には大麦を発芽させて麦芽にし、それに含まれる酵素によってデンプンを分解します。

アミノ酸の合成——L体だけが欲しい！

現在では、一部の例外を除けば、大半の化学物質は人為的に合成できます。生体物質も同様であり、アミノ酸も例外ではありません。アミノ酸で私たちの生活に密着したものといえば、グルタミン酸でしょう。味の素としておなじみのものです。グルタミン酸を例にとってアミノ酸の合成法を見てみましょう。

商品としての味の素の製造法は変遷を繰り返しました。1908年に池田菊苗（1864〜1936年）によって昆布から発見されたグルタミン酸ナトリウムは、「味精」の商品名で販売されましたが、当初は小麦粉のタンパク質であるグルテンを加水分解して得ていました。

しかしこの方法では製造コストが高くつくので、化学合成によってつくることになりました。その反応機構は次ページの図5-1-1に示したものです。

出発原料は、アクリル繊維の原料と同じアクリロニトリル（1）です。これに一酸化炭素と水素を付加して2にします。これにアンモニアNH_3とシアン化水素HCNを反応させると3になります。3を加水分解すると、ニトリル基CNが加水分解されてカルボキシル基COOHになり、グルタミン酸（4）となります。

1 | アルコール類を合成・発酵する方法

$$CH_2=CH-CN \xrightarrow{CO/H_2} \underset{H}{\overset{O}{\|}}C-CH_2-CH_2-CN \xrightarrow[NH_2]{HCN}$$

　　　1　　　　　　　　　　　　　　2
（アクリロニトリル）

$$\longrightarrow NC-\underset{NH_2}{\underset{|}{CH}}-CH_2-CH_2-CN \xrightarrow{加水分解} HOOC-\underset{NH_2}{\underset{|}{CH}}-CH_2-CH_2-COOH$$

　　　　　　3　　　　　　　　　　　　　　　　　　4

D体＋L体（ラセミ体）の分離が必要

■ 5-1-1　旨みのモト「グルタミン酸」を化学合成すると……

　しかし、アミノ酸には光学異性体（第2章5節）というものが存在しました。人間が旨みを感じるのは、異性体のD体、L体の二種類のうち、L体だけです。しかし化学合成でできるのはD体とL体の1：1混合物であるラセミ体です。したがって、出来上がったラセミ体からL体だけを分けとる操作が必要となります。

　では、どうするか。はじめからL体しか生成しない方法があります。

　研究の結果、グルタミン酸を生産する微生物が発見されたのです。そこで、現在ではサトウキビの搾りかすなどを使い、この微生物によって発酵する方法で製造しています。この方法は生物による製造ですから、生成するのはL体だけであり、分離の必要はありません。

石油の合成の今昔物語

　石油は化学製品の原料として使われるものです。ところが最近、石油の可採埋蔵量が35年などと叫ばれ、危機的な状況が訪れようとし

ています。そこで注目されているのが石油の合成です。

● **石油の起源は諸説いろいろ**

一般に石油は太古の微生物の遺骸が地圧と地熱によって分解してできたものといわれます。これを生物起源説といいます。

しかし、この説を信奉するのはいわゆる西側諸国であり、東側諸国は無機起源説が有力であるといわれます。無機起源説とは石油は地球内部の無機反応によって生成するというものです。先に見たように、無機物であるカーバイドに水を反応させれば有機物のアセチレンが発生します（第1章3節）。アセチレンは高分子化してポリアセチレンになります。これに水素付加が起こればアルカン（一重結合だけでできた鎖状炭化水素）、すなわち石油の生成は無理ではありません。

21世紀になると、アメリカの著名な天文学者が惑星起源説ともいうべきものを発表しました。それによると、惑星ができるときにはその内部に大量の炭化水素が生成する、といいます。地球も同様であり、その中心部である外核、内核には「無尽蔵ともいうべき炭化水素がある」といいます。これが比重の関係で地表に沁みだしてくるときに、地熱、地圧で変性し、石油になるという主張です。枯渇した油田に石油が舞い戻ってくることがあるのはこのせいだといいます。

● **石油の生物合成**

現在、注目を集めているのが石油の生物合成です。それには2通りの方法があります。一つは藻類を用いる方法です。藻類をタンクの水槽で培養し、そこに二酸化炭素を吹き込むと、石油、炭化水素が生成するというものです。

植物が合成する有機物というと、糖類や脂肪酸を連想しますが、この藻類が合成するのはそのようなものではなく、炭化水素そのもので

あり、まさしく石油の生物合成です。

　もう一つは微生物を用いるものです。千葉県で発見されたある種の微生物は、普段は石油を代謝して生きています。ところが石油がなくなると、反対に二酸化炭素を吸収して石油を生産するといいます。しかもこの微生物が生産する石油は純度が高く、そのまま内燃機関の燃料として用いられるというから凄い話です。

　将来、石油は「工業原料」から「工業製品」に変化するのかもしれません。

2 プラスチックを合成するには

　高分子の合成法の基本については、すでに高分子の章（第3章）で述べましたので、ここでは少し視点を変えて見てみましょう。

高分子の立体化学

　高分子の合成は、現在ではほとんど確立した化学といえます。単に単位分子を結合させるだけの合成法なら何の問題もありません。しかし、高分子にも「**立体化学**」があります。立体化学というのは、化合物の立体構造を決定したり、立体構造と化学的・物理的な性質を研究する分野のことで、有機化学の重要なジャンルです。その立体化学を制御する合成法ならば、それなりの工夫が必要となります。

　もう少し、高分子の立体化学とはどういうことかを見ておきましょう。汎用プラスチックの雄ともいうべきポリプロピレンはプロピレン$H_2C=CH-CH_3$が高分子化したものです。問題はメチル基CH_3の立体配置です。

　次ページの図5-2-1に示したように、三種の配向があります。一つはすべてのメチル基が同じ方向を向いたイソタクチック型であり、もう一つは、交互に逆方向を向いたシンジオタクチック型です。この二つはいずれも「規則的な配向」パターンです。最後の一つは勝手な方向を向いた「不規則型」で、アタクチック型と呼ばれます。

　規則的なものと不規則なものとでは、やはり性質が異なります。すなわち、不規則なアタクチック型は結晶化しないのに対して、規則的

な型は結晶性です。結晶性を持つ場合、「不透明なプラスチック」のページで見たように（第4章4節の毛利元就の三本の矢の例）、強度や耐薬品性などの面で優れているのです。それに対して不規則なほうはキシレンなどの溶媒に溶けてしまいます。

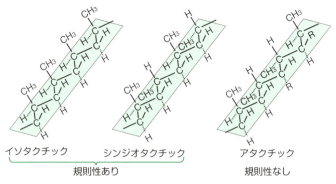

■ 5-2-1　メチル基には三種の配向がある

ポリプロピレンを合成する

　現在では、上の三種のポリプロピレンを自由につくり分けることができるようになっています。それは触媒の選択によるものです。つまり、触媒を用いないと不規則なアタクチック型だけが生成します。

　ところが、チタンTiとアルミニウムAlを組み合わせた「**チーグラー・ナッタ触媒**」（$TiCl_3$-$AlEt_2Cl$）と呼ばれる触媒を用いると、規則的な配向を持ったイソタクチック型だけをつくることができるのです。チーグラー・ナッタ触媒は固体触媒ですから、その固体表面だけが触媒作用をします。

触 媒 な し　→　不規則なポリプロピレン
固体型の触媒　→　規則的なポリプロピレン（イソタクチック型）
液体型の触媒　→　規則的なポリプロピレン（シンジオタクチック型）

しかし、溶液に溶けるカミンスキー触媒と呼ばれるタイプを使うと、２つめの規則的な配向パターンであるシンジオタクチック型だけを優先合成することができます。カミンスキー触媒は、チタンTi、ジルコニウムZr、ハフニウムHfなど用いた触媒です。

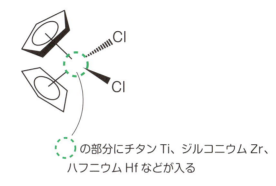

の部分にチタンTi、ジルコニウムZr、ハフニウムHfなどが入る

■ 5-2-2　三種の配向は触媒の種類でコントロール

3 医薬品を選択的に合成するには

　医薬品の合成は、有機合成化学の中でも重要なテーマの一つです。しかし医薬品の分子構造は複雑なものが多く、その合成法は明らかに本書の程度を超えます。ところがその中で、意外にシンプルな医薬品合成法があり、その医薬品が歴史に残る名薬であり、現在も大量に使用されているものがあります。それについて見てみましょう。

アスピリンを合成する

　その名薬とは「**アスピリン**」です。アスピリンは、植物に広く存在するサリチル酸を原料として合成することができます。すなわち、サリチル酸に無水酢酸を作用させると、サリチル酸のヒドロキシ基と無水酢酸の間でエステル化が進行し、アセチルサリチル酸（商品名アスピリン）が生成するのです。

■ 5-3-1　サリチル酸からアスピリンをつくる

また、サリチル酸にメタノールを反応させると、サリチル酸のカルボキシル基とメタノールの間でエステル化が進行し、筋肉消炎剤として知られるサリチル酸メチルが生成します。

メントールを合成する

　医薬品には光学異性体を持つものがあります。先に見たサリドマイドはその例です。光学異性体の合成は大変に複雑ですが、キーポイントだけ垣間見ることは可能です。

　例えば、メントールの合成です。メントールとはミント、ハッカの香り成分です。ガム、歯磨き粉などの香料として年間数千トンもの需要がある物質ですので、天然のミントやハッカからの分離だけでは需要に追い付きません。そこで化学合成の出番となります。

　ところが、メントールには立体異性体が存在することが知られています。図のAが香料のメントール（ミント）ですが、異性体は図に示したB、Cだけでなく7種、Aも含めれば8種類の立体異性体が存在するのです。このような構造図では、実線のくさび形で書いてある結合は紙面から手前に飛び出す結合、点線のくさびは紙面の奥に伸びる結合という約束で書いてあります。このうち、Aだけを優先的に合成しようというのが化学者の目論見です。

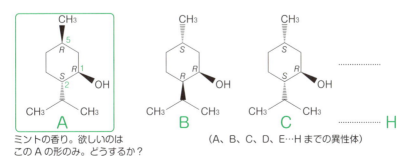

■ 5-3-2　メントールを人工合成すると8種類生まれる

3 | 医薬品を選択的に合成するには

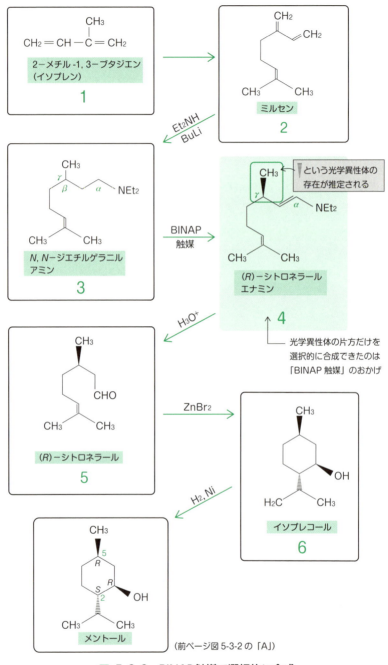

■ 5-3-3　BINAP触媒で選択的に合成

これを可能にし、その功績によってノーベル賞を受賞したのが野依良治教授です。メントールは、図5-3-3のように、イソプレンを出発原料として何段階もの反応を経由して合成されます。問題は三段階目、シトロネラールエナミンの合成段階です。この化合物では上方のメチル基CH_3が実線のくさびで結合しています。

　ということは、この化合物には、メチル基が点線のくさびで結合した立体異性体（光学異性体）も存在することを示唆しています。そして、この段階の反応は、この二つの立体異性体のうち、図に示した構造のものだけを選択的に合成していることになります。

　このような選択合成を可能にしているのが**BINAP触媒**（バイナップ）と呼ばれる触媒であり、野依教授はこの触媒を発明したのです。BINAP触媒は多くの光学異性体の選択合成に用いられています。

4 「細胞」を人為的につくってみる

　「生命体とは何か」という問いに対して、現在では「細胞構造を持っているもの」と答えるのが一般的になっています。要するに、何が生命体かと考えた場合に、そのボーダーラインにいるのがウィルスなのです。ウィルスはDNAを持って自己増殖しますが、「細胞膜」を持っていませんから、ウィルスは生命体ではない、というのが大方の立場です。つまり、細胞構造はそれほどにも生命体のキーポイントになっているのです。それでは細胞をつくろうではないですか。

　細胞は細胞膜でできた袋の中にDNAが入って自己増殖するものです。どうすれば、人為的に細胞をつくれるでしょうか。

▍DNAは簡単に合成できる

　DNAはヌクレオチドと呼ばれる4種の単位分子が適当な順序で結合した高分子です。ヌクレオチドは5個の炭素からできた糖とリン酸が結合したものに塩基と呼ばれる部分が結合したもので、次ページの図5-4-1のような構造です。4種のヌクレオチドの違いは塩基の部分だけです。

　このヌクレオチドの、糖部分のヒドロキシ基とリン酸部分のエステル結合で繋がったのがDNAです。このような簡単な構造のため、現在ではDNAの宅配サービスまで行なわれています。すなわち、ヌクレオチドの配列順序（塩基配列）を指定すると、合成業者がその通りに結合したDNAを届けてくれるのです。

$$\text{リン酸} + \text{糖} + \text{塩基} \longrightarrow \text{ヌクレオチド}$$

$$\text{脂肪} \xrightarrow{H_3PO_4} \text{リン脂質}$$

■ 5-4-1　人工的に「細胞」をつくってみる

細胞膜を合成する

　細胞膜は後の「超分子」の章（第7章）で説明する分子膜の一種です。詳しくはそこで説明しますが、分子膜は両親媒性分子といわれる分子が集合してできた膜のことです。

　細胞膜では、この両親媒性分子はリン脂質といわれるものです。これは先に見た脂肪分子の、3か所のエステル結合のうちの1か所をリン酸エステルに換えたものです。この反応はエステルの加水分解と新しいエステルの合成であり、共に見てきたものです。ですから、リン脂質の合成もむずかしくはありません。このリン脂質を水に溶かせば、あとは超分子の問題です。濃度を調節すれば、リン脂質が勝手に細胞膜になり、勝手に袋状になってくれます。

　これで、DNAと細胞膜ができました。では、細胞膜とDNAとを組み合わせたら「細胞」ができるのでしょうか。自己増殖は起こるのでしょうか。この先は終章を楽しみにしてください。

5 「錯体」は有機化合物？それとも無機化合物？

「生命無機化学」という名の新ジャンル

　有機化合物と無機化合物の中間にあるものに「**錯体**(さくたい)」と呼ばれる、一群の化合物があります。あまり聞きなれない化合物だと思いますが、錯体というのは金属（無機化合物）の周りを「**配位子**(はいいし)」と呼ばれる有機化合物が取り巻いたものです。したがって、金属のほうに着目すれば無機化合物です。しかし、配位子に着目すれば有機化合物ということになります。

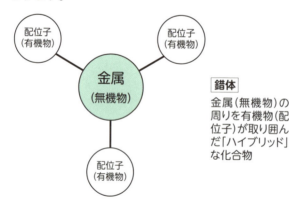

■ 5-5-1　［無機物＋有機物］が錯体

　昔から生命体をつくるものは有機物と考えられてきました。それなら生命体に無機物、たとえば金属は不要なのかといわれたら、決してそんなことはありません。鉄がなければ呼吸ができませんし、亜鉛が不足すれば食物の味もわからなくなります。生体には、金属は微量元

素として必要不可欠です。

実はこの金属は多くの場合、生体中においても「錯体」として存在するのです。ということで、現在は「生命無機化学」という新しい研究分野が立ち上がっており、そこの主要テーマが錯体の働きなのです。

錯体を合成する

錯体は後の第7章で見るように「超分子」の一種です。したがって錯体の合成は簡単です。金属と配位子を混ぜて放っておけば、勝手に錯体になってくれるからです。

問題があるとすれば、配位子の合成のほうです。これは普通の有機化合物ですから、普通の有機合成法で順序を追って合成しなければなりません。

典型的な錯体の構造を図に示しました。このように幾何学的な美しい構造をしているのが錯体の特徴です。

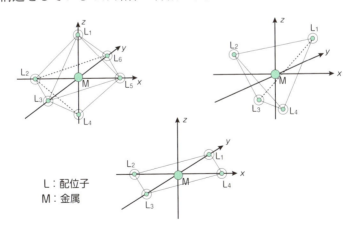

■ 5-5-2 錯体の構造はとても美しい

配位子の種類は無数にある

「配位子は有機化合物だ」といった説明を先ほどはしましたが、配位子の種類は千差万別です。実は、水やアンモニアなどの無機物も配位子となることができます。有機物ではアミンは典型的な配位子です。アミンのアミノ基が金属（無機物）と結合するのです。

このような配位子としてあまりに有名なのが「**ポルフィリン**」と呼ばれる環状化合物です。これは4か所にアミノ基があり、これで鉄やマグネシウムなどの金属を取り囲むようにして結合します。「**包摂化合物**」と呼ばれるものの一種です。

このポルフィリンと鉄が結合したものが「**ヘム**」であり、ヘムがタンパク質と結合した超分子が「**ヘモグロビン**」です。また、ヘムがマグネシウムと結合すると「葉緑素（クロロフィル）」となり、植物の光合成の立役者となるのです。

こうして見てくると、錯体や配位子がいかに生体の構造づくりと関係しているか、おわかりになると思います。

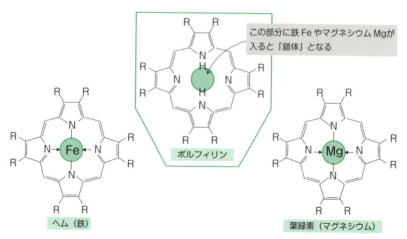

■ 5-5-3　生命体を形づくっている錯体の例

第6章
高分子は社会を変えるか？

　私たちの目を向けるところ、あらゆるところがプラスチックと高分子で覆われ尽くされています。もちろん、金魚もハムスターも、われわれ人間も、その大部分は「高分子」でできています。「生物と非生物の境界」にいるウィルス（ヴィールスともいう）も、タンパク質という高分子と、DNA という高分子だけは備えています。

　現代文明は、そのような高分子を人間が自在に設計・合成し、人間の都合のよいように作成するところにまで達しています。ここではそのような、人間の目線で、人間の役に立つようにつくった特殊な高分子の姿を見てみましょう。

1 「機能性高分子」とは人間に都合のよい高分子

　第4章でも述べたように、ポリエチレンはフィルムになって食品を包み、ポリスチレンは発泡スチロールとなって断熱材になります。
　このように、すべての高分子はそれ相応の機能を有しています。そのような中で、特に**人間の都合のよい、特別の機能を備えている高分子を「機能性高分子」**といいます。ここでは機能性高分子のいくつかを紹介しましょう。

高吸水性高分子の吸水力

　紙オムツや生理用品でおなじみの高分子のことを、「水をたくさん吸収する」ので「**高吸水性高分子**」といいます。もちろん、身近な紙や布などの普通の高分子も水を十分に吸ってくれますが、それらは毛細管現象と呼ばれるもので、その原理は水素結合などの「**分子間力**」に基づくものです（第4章1節参照）。
　ところが、「高吸水性高分子」の吸水力は、これら紙や布などの分子間力に基づくパワーとは桁違いに異なる大きさです。自重の1000倍程度の水を吸収するのです。

●分子構造の秘密

　高吸水性高分子がなぜ、そこまでの吸水性を誇れるのか。その秘密は分子構造に隠されています。分子構造は図6-1-1に示した通りです。特徴は、「三次元の網目構造を持っている」こと、そして「たく

さんのCOONa原子団を持っている」という2点です。

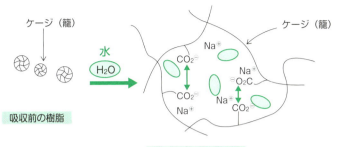

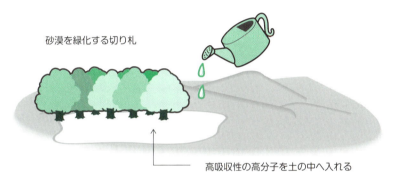

■ 6-1-1　自重の1000倍の水を貯える秘密はケージ（籠）にある

● 高吸水性は「籠（ケージ）構造」にあり

　それでは、このような2つの特徴があると、なぜそこまで吸水性が一気に向上するのでしょうか。それは次の2点で説明できます。

　①網目構造（ケージ状構造）の中に水分子を囲い込むことによって、水分子を強く保持できること
　②水を吸収すると、「COONa原子団」が加水分解し、COO^-イオンが発生すること

　特に②が大切です。②の結果、COO^-イオンが互いに静電反発を起こして、「ケージ（籠）」を広げるのです。その結果、多くの水を吸収することになり、それをケージ構造が保持する、という相互作用によ

って大量の水を吸収するのです。

　高吸水性高分子の使い道は、オムツなどの家庭用だけではなく、最近では砂漠に高吸水性高分子を埋設し、その上に植林することで砂漠の緑化を図ろうという壮大な試みもされています。

光硬化性高分子は光で硬化する

　普段は液体なのに、紫外線などの光を照射すると硬化して固体になる高分子を「**光硬化性高分子**」といいます。

　これは原理的に考えると、長鎖状の熱可塑性高分子の構造を、光によって、三次元網目状の「熱硬化性高分子」の構造に変化させることに相当します。

●光で硬化する理由

　典型的な光反応の一種に、二重結合に光照射すると、「2個の二重結合が付加して四員環を与える反応」があります。この反応を利用して網目構造をつくるのです。すなわち、長鎖状でところどころに二重結合を持った高分子を合成します。この高分子は熱可塑性ですから液体で、自由な形に変形します。

　この高分子に光を照射すると、異なる分子の二重結合間で付加反応が起こって結合します。大きな目で見ると、何本もの長鎖状高分子が

■ 6-1-2　光照射によって2つの二重結合が四員環に変わる

あちこちで**架橋**（ポリマーを連結し、物理化学的性質を変化させる）したことを意味します。すなわち、全体として巨大な網目構造となるのです。この構造は熱硬化性高分子の網目構造と同じであり、堅牢な構造です。

■ 6-1-3 「架橋」により巨大な網目構造となる

● 塗料、虫歯治療、印刷……幅広い利用

「光硬化性高分子」の最も直接的な応用分野といえば、塗料です。家具などの表面に「光硬化性高分子」を塗布した後に光を照射すると、短時間のうちに均質で硬い膜ができます。

もう一つ、光硬化性樹脂の優れた応用分野としては虫歯の治療があります。掃除した虫歯の穴に液体状の高分子を流し入れ、その後、紫外線を照射します。すると、穴にぴったり沿った形で硬化するというわけです。この治療では、患者は痛くも痒くもありません。

印刷への応用も優れたアイデアといえるでしょう。基板の上に光硬化性樹脂を塗布し、その上に写真のネガ（陰画）を載せます。この状態でネガの上から光を照射すると、光はネガの透明な部分だけを透過しますから、その部分だけが硬化します。

硬化しなかった部分を溶媒で洗い流せば、印刷の原版ができます。これにインクを付けて刷れば、ポジ（陽画）の絵が印刷されることになります。

導電性高分子──有機物だって電気を通す！

　電流は電子の流れです。物体中で電子が移動すれば、電流が流れたことになります。電子が「A→B」に移動すると、電流は「B→A」に流れたというのです。

　かつては、有機物は電気を通さないというのが常識でした。高分子は有機物の一種です。したがって当然、高分子も電気は通さないものと考えられていました。実際、それまでに開発された高分子はすべてが絶縁体ばかりでした。

　しかし、2000年の白川博士のノーベル賞受賞以来、常識は大きく変わってしまいました。**高分子も有機物も、電気を通すことがわかった**のです。ポリ電気を通す高分子を「**導電性高分子**」といいます。

●ポリアセチレンは絶縁物だったが……

　伝導性高分子の典型はポリアセチレンです。これはその名前の通り、三重結合を持つアセチレン（H-C≡C-H）を高分子化したものです。分子構造の特徴は、二重結合と一重結合が交互に並んだ形（共役二重結合）になっています。すなわち、長い高分子鎖が端から端まで非局在π結合電子雲で覆われているのです。

　このπ電子雲の中をπ電子が移動すれば、それは電流となります。つまり高分子中を電流が流れたという、画期的なことになるはずでした。ところが、いくら電圧をかけてもポリアセチレンは電気を流さず、結局、ポリアセチレンは絶縁体であることが明らかになっただけでした。

● 添加物が「絶縁物→金属並み導電体」に変える

　研究の結果、ポリアセチレンが絶縁性なのは、π電子が多すぎることが原因であることがわかりました。つまり、たくさんの電子が互いに静電反発し合って、ぶつかり合い、スムーズに移動できないのです。これは渋滞で自動車が動かなくなるのと同じ原理です。衝突事故の連続です。

　車列を動かすには、どうすればよいでしょう。自動車を間引いてやればよいのです。すなわち、電子を吸収し、取り除けばよいのです。電子を吸収するものを**添加物（ドーパント）**としてポリアセチレンに加えます。添加剤は電子を吸収する性質を持つ分子を選ぶ必要があります。この操作を**ドーピング**といいます。

　そこでヨウ素I_2をドーピングしたところ、途端にポリアセチレンの伝導度は金属並みに高まったのです。導電性高分子誕生の歴史的な瞬間でした。

● 用途──曲げ伸ばし自在なテレビへ

　導電性高分子の特徴は、有機物だから軽く、しかもプラスチックですから柔軟で、曲げ伸ばし自由です。おまけに透明です。

　このようなメリットを生かしていろいろな用途に使われています。ATMなどの透明タッチパネル、リチウムイオン電池の電極等にも応用されています。また、有機ELの電極に利用して、曲げ伸ばし自在なロールカーテン式の薄型テレビへの応用も可能です。有機物である特徴を生かして、溶剤に溶かして液体とし、インクジェット技術で直接基板に回路パターンを印刷することも可能です。

　また、現在、太陽電池や薄型テレビなどの透明導電体として利用されているITO（インジウム・チタン酸化物）電極の原料であるインジウムがレアメタルで資源量が少ないことから、その代替物として期待

されています。

形状記憶高分子の"記憶"のしくみ

　頭脳のあるはずもない高分子が「記憶する？」というと、本当かなと思うでしょう。でも本当です。

　「**形状記憶高分子**」は、高分子が自分の本来の形を覚えているのです。そして、現在はどのような形に変形されていようとも、加熱されると本来の形を思い出し、戻るのです。例えば、現在の形は円盤形だけれども、本来の形はスープ皿だったとしましょう。すると、この円盤型の高分子は、ドライヤーで暖められると自分本来のスープ皿に変形してしまいます。

●なぜ、形状を記憶できる？

　形状記憶高分子が自分の形状を記憶する原因は何か。それはこの高分子の構造にあります。熱硬化性高分子と同様に、三次元網目構造なのです。ただし、網目構造が緩いので、加熱すれば多少軟らかくなって、変形可能になります。

　形状記憶高分子の記憶の原理は、以下の通りです。

①形状記憶高分子を成形機に入れてスープ皿をつくる

　このスープ皿が、高分子の記憶した形になります。すなわち、スープ皿の形に沿って網目構造ができてしまったのです。

②スープ皿を加熱し、プレスして円盤形とする

　スープ皿は円盤形となりましたが、それは仕方なくなったものです。製品の内部にはひずみが残っており、機会があったらスープ皿に

戻ろうとチャンスを伺っています。

③元の形に戻る

円盤を加熱すると、軟らかくなって変形可能となるので、ひずみを解消して本来のスープ皿に戻ります。

こうして元の姿に戻る、というしかけです。

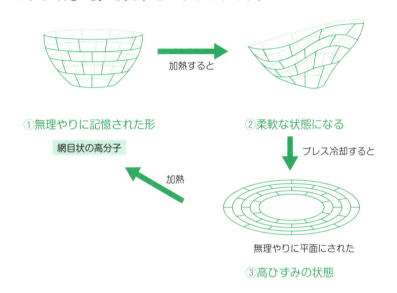

■ 6-1-4 高分子が形状記憶をするしくみ

● 応用は？

形状記憶高分子の利用法として知られているのは、女性用のブラジャーです。カップの美しい円形の縁を形状記憶高分子でつくっておきます。すると、例え洗濯機の中で変形しても、身に着ければ体温で暖められて、元の美しい円形に戻ります。

同じ原理で、メガネのツルにも用いられています。

2 環境を改良する機能性高分子

　21世紀は環境の世紀といってよいのかもしれません。地球温暖化、酸性雨、オゾンホール。地球規模の環境汚染が深刻化しそうです。そして残念ながら、これら環境汚染のどれにも化学が密接に関係しています。そのため「化学は環境を汚す」と非難されることが多いのですが、逆に「汚染物質を除去するのも化学だ」ということです。
　ここでは環境問題に取り組む機能性高分子を紹介しましょう。

生分解性高分子――長所は短所

　高分子、特にプラスチック類が環境汚染物質といわれる原因の一つは、その高い耐久性にあります。腐って地に還る、ということをしないのです。

●製品としてはよくても、廃棄物としては……
　耐久性が高いということは、製品としては非常に優れた性質であり、褒められこそすれ、非難されることではありません。しかし、過ぎたるは及ばざるが如し、なのです。
　その製品が不要になり、ゴミとして捨てられた場合、環境に放置されたプラスチックは分解されることなく、いつまでも残骸を晒し続けます。廃材置き場に集積されても、プラスチック廃材はいつまでも腐敗することなく、土に還りません。
　海中に漂うプラスチックフィルムはカメが間違って食べて、胃腸障

害を起こし、時には死に繋がります。釣り人が海中に残した釣り糸は、時にカモメの脚に絡まります。海女さんの体に絡まったらとんでもない事故に繋がります。

● 生分解性高分子の大きな市場性

そこで開発されたのが、微生物によって速やかに分解される高分子、「**生分解性高分子**」です。生分解性高分子にはいくつかの種類があり、その一つに乳酸を高分子化したポリ乳酸があります。乳酸は乳酸菌が分泌する天然物であり、微生物のエサになります。

ポリ乳酸の生理食塩水中での半減期は4〜6か月です。当然ながら、1年も経ったら跡形もなくなります。もちろん、このような高分子に耐久性を求めることはできません。用途が限定されるのは無理からぬことでしょう。

最も分解されやすいのはポリグルコール酸です。この生理食塩水中での半減期は、わずか2〜3週間です。

この分解しやすさを逆手にとった利用法があります。手術の縫合糸に用いるのです。すると、手術後数週間で分解し、組織に吸収されてしまいます。つまり、抜糸のための再手術が不要になるのです。

他にも、最近話題の3Dプリンタのインクに相当する樹脂にはポリ乳酸が使われています。また、シェールガス生産時には岩石（貯留層）を破砕しますが、この際の亀裂を固定するために亀裂内にポリ乳酸が流し込まれています。使用量は最大手の企業の場合、年に数千トンといわれています。

汚泥を凝集させる高分子凝集剤

浄水場などで水を浄化する場合、第一段階として行なうことは、浮

遊性の固体微粒子を凝集・沈降させることです。つまり、水を澄ませて透明にすることです。

しかし、微粒子が細かいとなかなか沈降しません。困るのは、微粒子が表面に電荷を帯びている場合です。この場合は微粒子が互いに静電反発を起こし、ますます集合沈降しません。このような状態はコロイド状態といって、牛乳や化粧乳液などと同じ状態なのです。決して珍しい現象ではありません。

このようなときに利用されるのが「**高分子凝集剤**」です。これは高分子鎖に適当な極性官能基を付けた水溶性の高分子のことです。極性官能基が微粒子の電荷を中和し、高分子鎖で絡め取るようにして微粒子を吸着し、高分子ごと塊となって沈降します。

最近では廃棄高分子を分別回収後、硫酸を用いたスルホン化などによって高分子凝集剤とする方法も開発されています。環境汚染の原因となる高分子廃材を利用して環境浄化に役立てるという、画期的な方法といえるでしょう。

イオン交換高分子が水の浄化に貢献

水銀、カドミウム、鉛、クロムなど、比重が5より大きい重金属のイオンは、健康被害を引き起こすことが多いように見えます。

● 重金属の健康被害

ベートーベンが難聴になったのは、彼がワインを甘くするためにワインに加えた酸化鉛による鉛中毒だったといわれます。

公害として有名な水俣病は、メチル水銀 CH_3HgX という有機水銀が原因でした。熊本県水俣市にあった化学肥料製造会社が、触媒として使った無機水銀が、廃液として水俣湾に排出されました。それをプラ

ンクトンなどが有機水銀に換えました。当初、その濃度は低いものでしたが、プランクトン、イワシ、ハマチなどと食物連鎖が続く中に濃縮され、最終捕食者の人間の口に上るときには害を及ぼす濃度になっていたのでした。生物濃縮が問題にされた公害でした。

富山県、神通川流域で起こったイタイイタイ病の原因は、カドミウムCdでした。上流にある亜鉛鉱山が、不溶のカドミウムを神通川に放棄し、それが下流に流れました。平野部に至ると、川の水は農地に浸透し、カドミウムも同時に浸透しました、そのカドミウムが農作物に濃縮され、それを食べた住人が、骨が脆弱化して骨折に悩まされた、というのがイタイイタイ病でした。土壌汚染が問題にされた公害でした。

● イオン交換をする高分子

健康に無害な飲料水をつくるためには、このような金属イオンを水から取り除かなければなりません。それができるのが**「イオン交換樹脂」**です。イオン交換樹脂はその名前の通り、あるイオンを他のイオンに交換する高分子です。

イオン交換樹脂には、二種類あります。一つは、金属イオンなどの陽イオンを水素陽イオンH^+と交換する陽イオン交換樹脂です。

もう一つは、塩化物イオンCl^-などの陰イオンを水酸化物イオンOH^-に置き換える陰イオン交換樹脂です。

● 水の浄化や淡水化に役立つ

陽イオン交換樹脂の詰まったパイプに、重金属イオンの入った水を通せば、重金属イオンは交換樹脂に吸着し、代わりに水素陽イオンが水に入ります。すなわち、重金属イオンは排出されたことになります。陽イオン交換樹脂と、陰イオン交換樹脂の両方が詰まったパイプ

に海水を通したらどうなるでしょうか。海水中の陽イオンであるナトリウムイオンNa^+はH^+に置換され、Cl^-はOH^-に置換されます。これは海水が真水に変化したことを意味します。すなわち、この結果、パイプの出口からは淡水が流れ出ることになるのです。

　これは震災などで沿岸部が被害を受け、海水は無尽蔵にあるが淡水がない、という場合の救急措置として有用なものです。

● 随伴水の処理にも活躍

　最近問題になっているのが、化石燃料の採掘に伴って排出される「**随伴水の浄化**」です。特に21世紀なって開発されたシェールガスの採掘は、技術が新しいだけにまだ洗練されていません。シェールガスというのは地下2000～3000mの大深度に存在するシェール（頁岩：堆積岩の一種）層に吸着されたメタンガスのことをいいます。

　現在の採掘法は、シェール層まで斜坑を掘り、そこに化学物質を混ぜた大量の水を高圧注入してシェール層を破壊し、浸出したメタンガスを採掘するというものです。当然、地盤は破壊されて緩みますから、局地的な地震まで発生することがあります。

　化学的な問題としては、注入した水が地表に戻ってきた随伴水です。これには、注入の際に混入した化学物質の他に、各種の重金属イオンが混じっています。その随伴水をそのまま近隣の川に流せば、深刻な環境問題が起こることは目に見えています。

　この問題の解決はまだ始まったばかりです。イオン交換高分子の利用は最も直接的な解決策でしょう。この処理技術は10兆円産業といわれています。今後が楽しみな分野です。

3 「長所＋長所」の複合材料

　違う種類の高分子を組み合わせたり、高分子と他の素材を組み合わせたりした材料を一般に「**複合材料**」といいます。鉄筋コンクリートやグラスファイバーと呼ばれる素材は、昔からよく知られた複合材料です。

　複合材料は、原料となる材料同士の長所が組み合わさることによって、単独の材料に比べて一段と優れた素質を示します。現在では多くの複合材料が活躍しています。

ラミネートフィルム──いいとこ取り！

　プラスチックは先に見たように、直鎖状の高分子鎖が絡み合ったものです。肉眼で見ると、ガラスのような固体であり、中に孔が空いているなどとは、どうしても思えません。

　しかし、原子スケールで見ると様相が一変します。アモルファス構造のプラスチックなどは、至るところ隙間だらけで、それこそスカスカの状態です。食品を入れるビニール袋、あるいは食品などを包むプラスチックフィルムは、このようなプラスチックでできたものです。匂い分子はもちろん、酸素分子、水分子など、食品や製品の品質を落とす有害分子はほとんど自由通行の状態なのです。

●透過性──遮ったり、通したり

　酸素分子、水分子（水蒸気）、ある種の匂い分子など、各種の分子

がプラスチックフィルムを通り抜けることができます。しかし、分子がフィルムを通り抜ける度合いは、分子の体積だけに依存するものではありません。プラスチック分子と通過分子の電気的な関係が大きく影響することが知られています。

　一般に、フィルムは、自分と似た性質の分子を通しやすい性質を持っています。すなわち、ポリエチレンのような無極性高分子のフィルムは、酸素分子のような無極性分子を通過しやすい傾向にあります。

　反対に、ペット（PET）のような極性高分子のフィルムは、無極性の分子を遮る傾向が強いのです。つまり、**フィルムは、自分と逆の性質のものを遮ろうとする**性質を持っているのです。

　したがって、水蒸気のような極性分子に対しては、ポリエチレンフィルムは遮り、ペットフィルムは通過させるのです。表はこのような傾向を定量的に表したものです。酸素を通しやすいものは水蒸気を遮り、酸素を遮るものは水蒸気を通す傾向が明らかに読みとれます。

高分子	酸素透過度	水蒸気透過度
ナイロン	1.0	──
ペット（PET）	2.6	3.2
ポリプロピレン	130	1.0
ポリエチレン	411	──

■ 6-3-1　高分子によって異なる透過度

●複合化──2層、3層……重ね合わせると

　それでは、酸素も水蒸気も通さないようにするにはどうしたらよいでしょうか。

　簡単です。ポリエチレンフィルムとペットフィルムを両方、貼り合わせればよいのです。これが「**ラミネートフィルム**」の原点です。現在のラミネートフィルムはさらに複雑になっており、中には5種類も

の高分子フィルムを重ねたものもあります。また高分子だけでなく、アルミニウムなど、金属を真空蒸着したものも多用されています。これは金属の膜を貼り合わせたのと同じ効果が期待できます。

ラミネートフィルムは、歯磨き粉のチューブや、各種インスタント食品、レトルト食品の包装などに利用され、現代生活に無くてはならないものになっています。そればかりでなく、強化ガラスとプラスチックフィルムをサンドイッチした、自動車のフロントガラス、あるいは防弾ガラスなどもラミネートしたものの一種と見てよいでしょう。

繊維強化プラスチック――鉄筋コンクリートのようなもの

コンクリートというのは、セメントと砂利でつくったものです。圧縮には強いのですが、引っ張られると脆い性質があります。しかし、鉄は引っ張られても大丈夫です。そこで、「コンクリート＋鉄」を組み合わせたのが「鉄筋コンクリート」で、両者の強い所を合わせたものであり、圧縮にも引っ張りにも丈夫です。

繊維強化プラスチックは、このような鉄筋コンクリートのアイデアから生まれたものです。繊維強化プラスチックの場合、鉄筋に相当するのは各種の繊維であり、高分子、ガラス、金属など、いろいろな素材からできています。一方、コンクリートに相当するのは高分子であり、一般に強化される側の部材（母材）のことを「**マトリックス**」と呼んでいます。多くの場合、熱硬化性樹脂が用いられます。

鉄筋コンクリート　　　＝　　　鉄筋　　　　＋　コンクリート
繊維強化プラスチック　＝　ガラス繊維など　＋　高分子

次表に、繊維単体の場合と、繊維強化プラスチック（FRP）にした

場合の引っ張り強度を示しました。ガラス繊維や炭素繊維では約14倍、アルミニウム繊維では約27倍になっています。マトリックスで固めると強度が大幅に増大することがわかります。

		ガラス繊維	炭素繊維	高強度ポリエチレン	Al_2O_3繊維
引張強度 GPa	単体	2.7	3.5	2.5	2.5
	繊維強化プラスチック (FRP)	39	49	7.9	67.0
		14倍	14倍	3.16倍	26.8倍

■ 6-3-2　FRPの引っ張り強度

　繊維強化プラスチックの特徴は軽くて強いということです。このため、航空機の機体をはじめ、船舶、浴槽、各種スポーツ用品などに広く用いられています。NASAのスペースシャトルには、そのほとんどすべての部分に複合材料が用いられています。

　複合材料によるメリットは多数ありますが、弱点もあります。熱硬化性樹脂を用いているため、成形のやり直し、あるいは修理が困難ということが挙げられます。また、不要になった場合に、繊維とマトリックスの分離が困難であり、再生利用がほとんど効かない、ということも挙げられるでしょう。

ポリマーアロイ──長所が組み合わさる

　複合材料とはいえませんが、数種類の高分子を融合して用いることがあります。これを金属の場合の合金（アロイ）になぞらえて「**ポリマーアロイ**」といいます。ポリマーアロイにすると、単体のポリマーが持つ長所が組み合わさって、大変に優れた性質を持つプラスチックができることがあります。

● ポリマーの融合

　例えばポリスチレンは、硬くて美しい光沢を持ちます。その反面、脆くて衝撃に弱く、割れやすいという欠点もあります。一方、ポリブタジエンという有機化合物は弾力性に富んで割れにくいのですが、成形しにくいという欠点を持ちます。

　そこで、ポリスチレンに数％のポリブタジエンを混ぜると、硬くて衝撃にも強いという理想的なポリマーアロイができます。これでつくったプラスチックは、「**耐衝撃性ポリスチレン**」と呼ばれ、テレビ、冷蔵庫、洗濯機など、大型家電製品の外装材として活躍しています。

● コンパティビライザー

　しかし、ポリマーアロイをつくる場合、単に単体のポリマーを融かして混ぜるだけではうまくきません。一見すると、両者は混ざったように見えますが、分子レベルでは混ざっていないのです。それぞれのポリマーが、自分たちだけで集まった微小な集団をつくり、その集団が混じっているだけのことが多いのです。

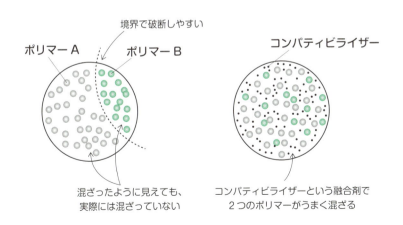

■ 6-3-3　2つのポリマーを均質に混ぜるコンパティビライザー

3 「長所＋長所」の複合材料

　このような混合物では、それぞれの集団の境界が脆くなり、そこから破壊が起こってしまいます。このような場合に用いるのが、「**コンパティビライザー**」（コンパティブル：両立する）と呼ばれる融合剤です。コンパティビライザーを混ぜることによって、両方のポリマーが均質に融合し、優れた性質のプラスチックができます。

　コンパティビライザーは両方のポリマーを混ぜ合わせる性質を持つ物ならば、なんでも結構です。ポリマーである必要もありません。しかし多くの場合、よい結果を収めるのは、両方のポリマーの単位分子を混ぜてつくった高分子であることが知られています。

4 カーボンファイバーは花形材料

　ボーイング787は、新しいコンセプトに基づく次世代の航空機の第1号機として華々しく登場しました。そしてこのボーイング787にカーボンファイバーが大量に採用されたということで、いま、カーボンファイバーは「材料の花形」の観があります。

炭素繊維──日本発の高分子

　一般にいうカーボンファイバーは、前節で見た複合材料の一種です。すなわち、炭素だけでできた高分子を繊維化したものを高分子マトリックスで固めたものなのです。

　その繊維部分に相当する部分だけを「**炭素繊維**」と呼ぶことにすると、炭素繊維は日本がほとんど独自で開発したものということができます。炭素繊維はその名前の通り、100％炭素だけでできた繊維状の高分子です。炭素繊維のつくり方は次のようなものです。

　合成繊維の一種にアクリル繊維というものがあります。これはアクリロニトリルを原料とするポリアクリロニトリル①であり（次ページの図6-4-1）、カシミヤ風のセーターや動物のぬいぐるみなどに使われる、フワフワとした風合いの繊維です。

　このアクリル繊維を加熱すると、図のように窒素Nと炭素Cの間に結合ができ、六員環（ベンゼン環などのこと）が連続した化合物②となります。これをさらに加熱すると水素が脱離して化合物③となります。

これを加熱すると窒素原子が脱離して化合物④となり、これを3000℃近い高温で処理すると、すべての窒素が抜け落ちて、芳香環が二次元に果てしなく並んだ平面状化合物⑤となります。これが「**炭素繊維**」です。いうまでもなく、この分子は炭素だけでできています。

この膜状構造の分子が何枚も重なったものが**グラファイト**（黒鉛）であり、これが円筒状に丸まったものが次世代素材として注目を集める**カーボンナノチューブ**です。

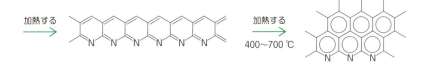

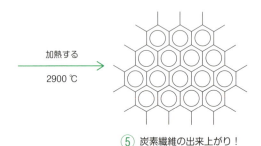

■ 6-4-1　炭素繊維のできるまで

カーボンファイバーの長所

カーボンファイバーは炭素繊維を繊維物質、熱硬化性樹脂をマトリックス（母材）とした複合材料です。実際の合成法は、炭素繊維を織り物としたシートをつくり、このシートを何枚か重ねたものを熱硬化性樹脂で固めたものです。

カーボンファイバーの比重は鉄の1/4、比強度は鉄の10倍と、典型的な軽くて丈夫な素材であり、航空機の機体材料として最適なものです。そのため、航空機に用いられる割合は年々高まり、2011年に就航した最新式の旅客機ボーイング787では、機体重量の約50%がカーボンファイバーで占められたことで話題をさらったことは記憶に新しいところです。

このように優れた素材ですから、民生用だけでなく、戦闘機、ロケットなど軍事用の素材としても需要が高いのが特徴です。そのため、カーボンファイバーは軍事物質の扱いを受け、輸出には厳しい制限が課せられています。

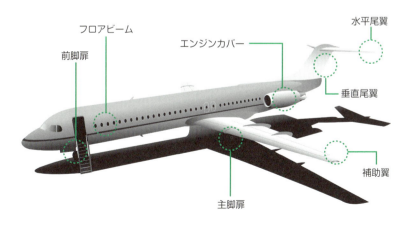

■ 6-4-2　航空機に使われている炭素繊維

カーボンファイバーの短所

　このように優れた性質を持つカーボンファイバーですが、欠点もないわけではありません。
　一つは異方性の問題です。これは力の加わる方向によって強度が異なるということです。木材の板がよい例で、木目の方向によって強度が異なります。このため、カーボンファイバーを使いこなすには独特のノウハウが必要といわれています。
　また、マトリックスとして熱硬化性樹脂を使うため、完成した製品に手を加える、あるいは部分的な修理が困難というのも「複合材料」と同様に、短所の一つでしょう。
　また、長所にも短所にもなるものとして伝導性を上げることができます。これは航空機の場合、落雷のシールドになるという長所です。その反面、カーボンファイバー製の釣竿が出始めた頃、誤って高圧線に触れて感電するという事故に繋がったのも、釣り人なら思い出すことでしょう。

第7章
有機化合物の宝箱、分子を超えた「超分子」

　現代の有機合成化学は、行き着くところまで行き着いた観があります。理論的に不安定で、合成不可能であることが証明されている特殊分子を除けば、いまや、つくろうと思う分子は、何でもつくることができるといってもよいでしょう。問題はいかにエレガントに、環境を汚さないようにしてつくるかということです。

　そのような中にあって、現在注目を集めているのは、分子を結合した高次構造体、複合分子です。これを、「分子を超えた分子」ということで「**超分子**」といいます。超分子には、単独の分子では決して現れない、優れた性質を持つものが多くあります。

1 超分子と分子間力の関係を知ろう！

　原子は集合して分子をつくります。このとき、原子を結合する力が一般にいう「化学結合」（結合）です。
　一方、**分子の間にも引力が働く**ことが知られています。この引力は、原子間の結合に比べて弱いので、一般に「**分子間力**」と呼ばれています。**超分子をつくる結合はこの分子間力**です。
　分子間力の中で最もよく知られ、かつ最も強力なのは、第1章の4節で見た「水素結合」ですが、分子間力には水素結合以外にもいろいろとあります。そこでこの章では、水素結合以外の分子間力について見ていくことにしましょう。

分子を超えた「超分子」とは何か？

　まず、「**超分子**」とはどのようなものか、そこから見ていくことにしましょう。第4章1節で、20世紀初頭に高分子の構造を巡って大論争があったことを紹介しました。覚えているでしょうか。
　「高分子とは単位分子が集まっただけのもの」であるという旧来の説に対し、「高分子とは単位分子が共有結合で結合したもの」として真っ向から挑戦したのが、高分子の父と呼ばれるスタウディンガーでした。結果はスタウディンガーの完勝でした。
　それでは、旧来の説は「完敗」だったのでしょうか。第4章でもその辺は少し触れておきましたが、そうともいえますし、そうでないともいえます。

というのは、高分子は確かに①分子が「共有結合で結合したもの」です。その意味でスタウディンガーの説は正しかったといえるのですが、実は、②分子が「集まっただけのもの」でもあったからです。

　もしかすると、スタウディンガーの頃は、両者が画然と区別されていなかったのかもしれません。当時の化学者の中には、②のものを「高分子の一種」と認識していた先駆け的な人物もいたかもしれません。

　この②こそ、現代化学でいうところの「超分子」だったのです。超分子は単位分子が集まったものです。単位分子の間には結合がありません。例えば、シャボン玉は超分子の一種です。シャボン玉を構成する石鹸分子の間に結合はありません。その証拠に、シャボン玉は壊れれば石鹸水に戻ります。そしてそれをストローに着けて吹けば、またシャボン玉になります。

　超分子の例は、もちろんシャボン玉だけではありません。DNAの二重らせん構造、酸素運搬タンパク質のヘモグロビン、酵素と基質がつくる複合体など、生体の中にはたくさんの超分子があるのです。

「水素結合」は最大の分子間力

　分子間に働く引力のことを一般に「**分子間力**」といいます。分子間力のパワーは、一般の結合に比べれば強度は1/10以下の弱い結合力にすぎませんが、いくつかの種類があります。まず水素結合、そしてファンデルワールス力、さらにはππスタッキング、疎水性相互作用などです。

　中でも水素結合はもっとも強い分子間力であり、マイナスの電荷を帯びた原子がH^+をなかだちとして結合するものです。水素結合は超分子だけでなく、生体を構成する多くの分子、およびその機能発現に

とって非常に重要な結合です。

しかし、すでに本書でも第4章1節(高分子)や第6章1節(高吸水性高分子)で分子間力については説明してきましたので、繰り返すことはやめておきます。

すべての分子間に働く「ファンデルワールス力」

さて、水素結合の次に有名な「分子間力」、それが「**ファンデルワールス力**」です。ファンデルワールス力は電気的に中性であり、結合分極を持たない分子、原子の間でも働く引力です。したがって、ファンデルワールス力はすべての原子、分子の間に働く引力なのです。

ファンデルワールス力は複雑であり、三種の引力に分けて考えることができます。ここでは、結合分極がまったくない分子の間にも働く「分散力」について見ておきましょう。

簡単のため、原子を例にとってみます。原子はマイナスに荷電した電子雲と、その中心にあってプラスに荷電した原子核からできています。原子核が電子雲の中心にある場合には、原子は全体として電気的に中性です。

しかし、電子雲は雲のように「揺らいで」います。次ページの図のように、原子Aの電子雲が揺らいだら、原子核は中心からずれ、その瞬間、原子には一時的な極性(+、−)が現れます。これを「**電気双極子**」といいます。すると、その近くにある原子Bの電子雲はこの極性に影響されて移動し、その結果、Bにも極性が現れます。これを「**誘起双極子**」といいます。

この結果、AとBの間には静電引力が働くことになります。これを「**分散力**」というのです。分散力は近距離でしか働かない力であり、その強さは距離の6乗に反比例します。このように分散力は泡のよう

に生じては消える引力ですが、集団全体としては大きな力となるのです。

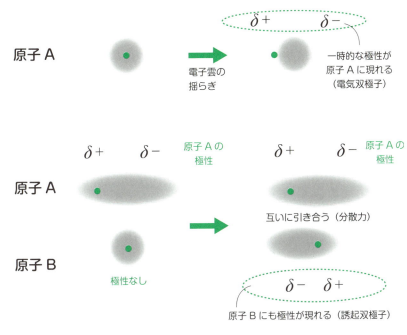

■ 7-1-1　ファンデルワールス力の一つ、分散力とは

静電引力が働く「ππ相互作用」

　第2章7節で見てきたように、ベンゼンなどの芳香族は、炭素でできた環構造の上下を、環状のπ電子雲がサンドイッチした構造になっています。そして、炭素環から突き出した水素原子は、電気陰性度の関係でプラスに帯電しています。

　したがって、ベンゼン環は二重の環構造となり、外部の水素環はプラスに荷電し、内部のπ電子環はマイナスに荷電していることになります。この結果、ベンゼン環の間には**「静電引力」**が働くことになるのです。

①ππスタッキング

2個のベンゼン環が少しずれて平行関係になって重なる（スタック）と、プラスに帯電した環と、マイナスに帯電した環の間に静電引力が働くことになります。これを「**ππスタッキング**」といいます。

ππスタッキング

■ 7-1-2　静電引力が働くππスタッキング

②T型スタッキング

2個のベンゼン環が直角に向かい合うと、片方のベンゼンのマイナス環と、もう片方のベンゼンのプラス環が向き合うことになり、ここでも「静電引力」が働きます。これを特に「**T型スタッキング**」といいます。図はベンゼン結晶の構造です。ベンゼン環が直角に向き合い、T型スタッキングを構成していることがわかります。

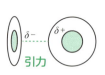

T型スタッキング

ベンゼンの結晶

■ 7-1-3　ベンゼン環はT型スタッキングの一つ

「疎水性相互作用」は見かけ上の力

分子には砂糖のように水に溶ける親水性のものと、油のように水を嫌う疎水性のものとがあります。油分子の集団を無理に水の中に入れ

たらどうなるでしょうか。油分子にとって、できるだけ水に触れないようにするには、「集団となって固まること」です。そうすれば集団の外側の分子は「犠牲」になって水に触れますが、内部の分子は護られます。

　この結果、油分子の集団にはあたかも引力が働いたように、**分散するまいという「力が働いた」ように**なります。これは自発的な引力とはいえませんが、これも見かけ上、「一つの力」とみなして、「**疎水性相互作用**」というのです。

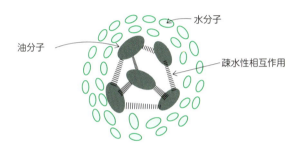

■ 7-1-4　油分子の疎水性相互作用

DNAの二重らせん構造は「超分子」の典型例

　超分子の初歩的な例を見てみましょう。シャボン玉は先に見た通りです。ここで働く引力は「ファンデルワールス力」です。第1章4節で見た水のクラスターも、実は超分子の一種です。水のクラスターでは「水素結合」が働いていました。

　次ページの図7-1-5で、Aの安息香酸は、カルボキシル基の間で2組の水素結合をつくった結果Bとなり、2個の分子があたかも1個の分子のように挙動します。Aの分子式は$C_7H_6O_2$ですから、分子量は122です。ところがこれをベンゼンに溶かした状態で分子量を計ります。すると分子量は244と計測されます。これはAの安息香酸が、二

1 | 超分子と分子間力の関係を知ろう！

A 安息香酸（C7H6O2）

B 二量体（超分子）

C

Cが6個集まると…

D 六量体が生まれる（超分子）

■ 7-1-5 超分子の列を見ると

量体B（2つの同種の分子がまとまったもの）として存在することをみごとに証明するものです。Bは超分子の典型例です。

同様の「**会合**」（分子間力などの弱い力で同種の分子が集まり、一つの分子のように動くこと）が、2個のカルボキシル基を持った化合物Cで進行すると、6個のCが会合した超分子Dとなります。

遺伝を司るDNAは4種の単位分子A（アデニン）、T（チミン）、G（グアニン）、C（シトシン）からできた高分子です。そして単位分子のAとT、GとCは互いに複数本の水素結合で結びつくことができます。この結果2本のDNA高分子鎖は、互いに無数本といってもよいほどの水素結合で緊密に結びつき、独特の二重らせん構造となるのです。

このように、二重らせん構造のDNAは「生体における超分子の典型的な例」といえます。

2 分子膜を医療に役立てる

　無数個の分子が、一定方向を向いて集まった膜状の分子集団のことを「**分子膜**」といいます。この分子膜は何に使えるのでしょうか。

単分子膜と二分子膜

　分子には、水に溶けるもの（**親水性**という）と、水に溶けないもの（**疎水性**という）があります。しかし、単純にその２つだけに分かれるわけではありません。分子の中には、１分子中に「親水性＋疎水性」という、両方の性質をあわせ持った物もあります。例えばセッケン分子はその典型であり、このような分子のことを一般に「**両親媒性分子**」といいます。

● 結合のない「分子膜」

　両親媒性分子を水に溶かすと、親水性部分は平気で水中に入りますが、疎水性部分は水中に入るのを嫌がります。その結果、両親媒性分子は水面（界面）に逆立ちをしたようにして留まることになります。この両親媒性分子の濃度を高めると、水面は両親媒性分子で立錐の余地なく埋め尽くされるようになります。この状態は、まるで逆立ち分子でできた膜のように見えるので「**分子膜**」といいます。

　重要なのは、分子膜を構成する分子の間に、実は一切の結合がないことです。あるのはファンデルワールス力、疎水性相互作用などの分子間力だけです。したがって分子膜を構成する分子は、膜内を自由に

動き回ることができます。それどころか、一時的に膜を離脱して水中にもぐったり、また膜に戻ったりすることもできます。

分子膜は結合していませんので、すくって取り出すことができます。また、この膜を何枚も重ねることもできます。そこで、一枚でできた分子膜のことを「単分子膜」、二枚重ねの膜のことを「二分子膜」、何枚も重なったものを「累積膜」あるいは「**LB膜**（Langmuir-Blodgett膜）」と呼びます。

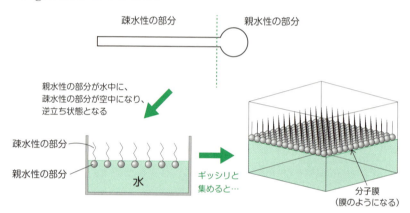

■ 7-2-1　分子膜には親水性部分と疎水性部分とがある

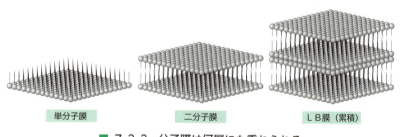

■ 7-2-2　分子膜は何層にも重ねられる

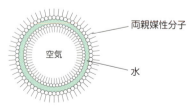

■ 7-2-3　シャボン玉は袋状の分子膜

●シャボン玉は袋状の二分子膜

　分子膜は膜状だけでなく、袋状になることもできます。例えば、シャボン玉は二分子膜でできた袋状になっています。この膜の合わせ目に水分子が入り込みます。袋の中には空気（息）が入っています。ですから、壊れたシャボン玉は石鹸液に戻り、またシャボン玉になることができるのです。

細胞膜も二分子膜でできている

　人間など、生体の細胞膜は二分子膜の一種です。細胞膜をつくる両親媒性分子は、第5章4節で見たように「リン脂質」といわれる分子であり、脂肪とリン酸が反応してできたものです。

　この分子の特徴は、1個の親水性部分に2個の疎水性部分があるということです。ですから、図にする時には丸い頭（親水性部分）から2本の尻尾（疎水性部分）があるように描かれます。

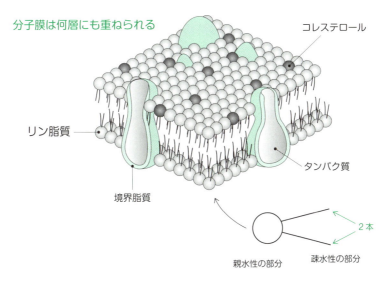

■ 7-2-4　生体の細胞膜は「1つの親水性部分に2つの疎水性」

このようなリン脂質でできた二分子膜に、タンパク質やコレステロールなど、いろいろな物質が不純物のように挟み込まれているのが細胞膜なのです。これらの不純物は細胞膜中を移動することができます。それだけでなく細胞膜から離脱したり、また復帰したりすることもできます。

　細胞膜のこのような流動性、ダイナミックさこそが、生命というダイナミックなものを生む原動力の一つなのでしょう。もし細胞膜がポリエチレンフィルムのようなものだったら、決して生命体は誕生しなかったに違いありません。

分子膜を医療に応用する

　細胞膜は分子膜の一種です。ということは、分子膜は生体に類似した物質である、といえます。医療関係への応用が期待されるのは当然でしょう。どのような応用が考えられているのか、そのいくつかを示してみましょう。

●薬の宅配便DDS
　抗ガン剤を服用すれば、抗ガン剤は血流に乗って全身を回り、ガン細胞に到達して初めて、ガン細胞を攻撃します。しかし攻撃するのはガン細胞だけではありません。健常な細胞をも攻撃してしまいます。これは副作用の一種です。

　このような副作用を抑え、薬剤を効率的に使うには、薬剤を病変細胞にだけ優先的に届ければよいことになります。これは薬の宅配便とでも言べきシステムであり、一般に「**DDS**」（Drug Delivery Sysytem）と呼ばれます。

　その一つの例が、二分子膜でできた袋「**ベシクル**」です。ベシクル

の中に薬剤を入れ、二分子膜には標的物質、例えばガン細胞固有の脂質を挿入します。するとベシクルはガン細胞に引き付けられるようにガン細胞に近づき、そこに滞留し、薬剤を放出するのです。

● 抗ガン剤

ベシクルは抗ガン剤として働くことも期待されます。ガン細胞の近くにガン細胞固有の脂質を植え込んだベシクルを置くと、ガン細胞の細胞膜にあるタンパク質が、脂質に引かれてベシクルのほうに移動していきます。

タンパク質は生命を維持するための最重要物質であり、ガン細胞にとっても不可欠なものです。タンパク質を失ったガン細胞は生命を維持することができなくなります。すなわちガン細胞の死であり、ガンの治癒です。

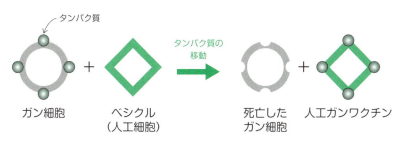

■ 7-2-5 ベシクルがガンのタンパク質を奪ってしまう

これは、単独の分子（両親媒性分子）には何の抗ガン作用もないのに、ベシクルという構造体、超分子になると抗ガン作用を発揮するという意味で、画期的なコンセプトということができるでしょう。

これまでの薬剤は合成薬にしろ、漢方薬にしろ、薬効分子が単独の資格で働くものばかりでした。それに対してこのベシクル抗ガン剤は、分子ではなく、分子のつくった「構造」が薬効を発揮するのです。これまで誰も考えつかなかった新しいコンセプトの薬剤です。

●ワクチン

　ガンタンパク質が移動してきたベシクルを見てみましょう。このベシクルはガンタンパク質を持っています。したがって、ガン細胞の性質を持っているといってよいでしょう。しかし細胞ではありませんから、増殖することはありえず、ガンの病変を起こすことはありえません。

　病原菌の性質を持っているが、毒性はもっていない。これは、ウェルナーが種痘で発見したワクチンのコンセプトに合致するのではないのか、ということで、このベシクルをワクチンに応用する研究も行なわれています。

　この人工ワクチンは、ガンに限ったものではありません。いろいろな病原菌、毒素に対して応用できるでしょう。しかも、卵などの生体物質を利用した現行のワクチンに比べて衛生面、アレルギーなどの面で優れた性質を持つものと考えられます。

3 液晶分子も、超分子の1つ

　液晶といえば、テレビはもちろん、パソコンのディスプレイ、スマートフォンのモニター等と、液晶のお世話にならない日はないといってよいでしょう。実は、液晶も「超分子」の一種なのです。どこがどう、超分子だというのでしょうか。

結晶状態（固体）と液晶との間には……

　多くの物質は、圧力、温度に応じて固体（結晶）、液体、気体などになります。これらを物質の状態といいます。特に結晶、液体、気体状態は、基本的な状態なのでこれらを特に**物質の三態**ということがあります。

●分子の位置、向き
　次ページの図7-3-1は、各状態における分子の配列状態を模式的に表したものです。
　結晶状態（固体）では、分子は一定の位置にあり（**位置の規則性**）、しかも一定の方向を向いています（**配向の規則性**）。
　ところが液体になると、このような規則性は消失し、分子は流動性を獲得して、熱エネルギーの量に応じて動き回ります。
　そして、結晶状態と液体状態の間には、規則性に大きな違いがあります。液体状態では、結晶状態にあった「位置の規則性」と「方向の規則性」という二つの規則性が揃って無くなるのです。

ということは、「両者の中間状態」として、図に示した二種類の状態がありえることを意味します。

　①位置の規則性はあるが、配向の規則性は失った状態

　②位置の規則性は失ったが、配向の規則性は保った状態

この二つの状態は実際に存在します。

状　態	結晶（固体）	柔軟性結晶	結　晶	液　体
①位置の規則性	○	○	×	×
②配向の規則性	○	×	○	×
配列模式図	位置も方向も揃っている	位置は揃っているが方向はバラバラ	位置はバラバラ方向は揃っている	デタラメ

■ 7-3-1　液晶は液体と結晶（固体）との中間形態の1つ

　「液晶」 とは、この②の状態のことをいうのです。液晶状態では、分子は液体のように流動性を持って動き回ります。しかし、方向は常に一定方向を向いています。常に上流を向いて動き回る小川のメダカのようなものです。

　しかし、このような性質を示す分子は特殊な分子だけです。そこでこのような分子を特に **「液晶分子」** といいます。液晶分子は、長い分子構造を持つことが多いといえます。

　意外かもしれませんが、「コレステロールが液晶性を示す」ということも覚えておいてよいでしょう。それどころか、19世紀末に最初に液晶性が発見されたのは、コレステロールの研究中だったのです。

　それに対して、①は柔軟性結晶といわれます。これはヨーロッパの街並みなどで見られる風見鶏に喩えることができます。風見鶏は「位置」を移動することはありません。しかし、「向き」は自由に変化することができます。柔軟性結晶の利用も研究されていますが、まだ研

究中のものが多いようです。

● 液晶とは「一定温度の範囲内」で示す状態

　液晶は、結晶状態や液体状態と同じように、分子が温度によってとる状態の一つです。決して物質とか分子の名前ではありません。その意味では「液晶」といわずに「液晶状態」といったほうが誤解を生まないでよいのかもしれません。

　とにかく、液晶とは「状態」のことですから、液晶分子は温度によって液晶状態になったり、結晶状態になったりすることになります。

　次の図は、普通の分子と液晶分子の状態の温度変化を表したものです。液晶分子も低温では結晶状態です。温度を上げて融点に達すると、分子は流動性を獲得します。ただし、この状態では透明ではなく、乳白色です。この状態こそ「液晶状態」なのです。さらに温度を上げると、透明点に達したところで透明となり、液体状態となります。

　すなわち、**液晶とは、液晶分子といわれる特殊な分子が「融点と透明点の間の一定温度の範囲で示す状態」**なのです。

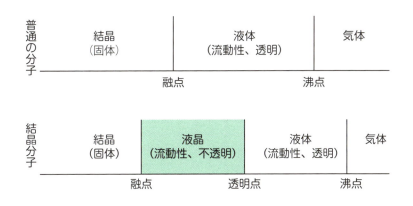

■ 7-3-2　温度によって液晶も変化する

液晶分子を電圧の方向に配列する

　液晶の最大の特徴は、「分子が一定方向を向き、しかもその方向を人為的に制御できる」ということです。

　いま、4面がガラスでできた箱をつくり、向かい合った2面のガラスの内側にヤスリで細かい擦り傷を付けます。この容器に液晶分子を入れると、分子は擦り傷の方向に沿って配列します。

　もう一組の向かい合ったガラスを透明電極に換え、この電極間に電圧をかけます。すると、液晶分子はサッと向きを変え、電圧の方向に配列します。しかし、通電を止めると、そのとたんに元の擦り傷の方向に戻ります。スイッチのオン・オフに連れて、この可逆的動作を永遠に繰り返すのです。

① オフのとき　　　　②オンのとき

液晶分子（擦り傷方向）
ガラス板
透明電極
off
on
スイッチを切り換える
擦り傷
液晶分子は擦り傷の方向に沿って並ぶ
電圧をかけると、液晶分子は電圧方向に並ぶ

■ 7-3-3　4面ガラス板での液晶の配向実験

● 配向制御と影絵の原理

　実際の液晶モニターのしくみは少々複雑ですが、その原理を簡単に見てみましょう。

　液晶モニターは二つの原理で成り立っています。一つは、上で見た**「配向制御の原理」**であり、もう一つは**「影絵の原理」**です。すなわち、液晶モニターは、影絵と同様に、外部に光源が必要なのです。これを発光パネルといいます。

　発光パネルの前に、上で見たガラス容器を置き、中に液晶分子を入れたのが、液晶モニターの超簡単な模式図です。さらに簡単にするため、液晶分子を短冊形としましょう。

　スイッチオフの状態では、短冊分子は擦り傷の方向に並び、発光パネルと平行に並びます。このため、発光パネルに蓋をした格好になり、光は観察者に届きません。画面は黒く見えます。

　しかしスイッチをオンすると、短冊分子は向きを変え、発光パネルに垂直に並びます。したがって、隙間を光が通過するので画面は白く見えます。

　液晶モニターは、このような容器を画素数の個数だけ並べ、それぞれを独立に電気制御したものなのです。100万画素の画面ならば、このような微小容器を100万個並べ、それぞれを独立に電気制御するのです。

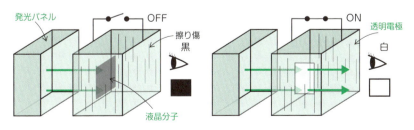

■ 7-3-4　4面ガラス板での液晶の配向実験

4 クラウンエーテル、カリックス…包摂化合物の可能性

「包摂(ほうせつ)」という言葉があります。これは簡単にいえば、包み込むことです。**ある分子Aが他の分子Bを包んだような構造の分子のことを「包摂化合物」と呼びます**。また、包まれた分子を「**ゲスト分子**」、包んだほうを「**ホスト分子**」と呼び、あわせてホスト・ゲスト化合物と呼ぶこともあります。これらは超分子化学研究の出発点となった分子群です。

「クラウンエーテル」は金やウランを取り出す

超分子の中でも最初に話題になったものが「**クラウンエーテル**」と呼ばれるものです。「エーテル」は酸素原子に2個の置換基が結合したものであり、クラウンは王冠の意味です。すなわちクラウンエーテルとは、何個かのエーテル部分が環状に繋がったもので、その立体構造が王冠に似ていることから名づけられたものです。

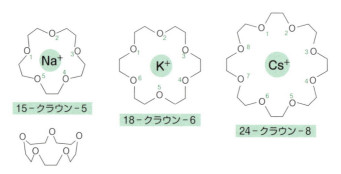

■ 7-4-1 エーテル部分の繋がったクラウンエーテル

クラウンエーテルの特徴は、電気陰性度の関係から酸素がマイナスに帯電しており、金属陽イオンと静電引力によって引き付け合うことです。すなわち金属イオンは、クラウンエーテルの環の中にスッポリと包み込まれてしまうのです。

　ところで、金属イオンにはリチウムイオンLi^+のように小さいものも、ウランイオンU^{6+}のように大きいものもあります。一方、クラウンエーテルの環の大きさは、どのようなサイズでも合成可能です。金属イオンは、自分のサイズにちょうどよく合ったサイズのクラウンエーテルの中に入ろうとします。

　したがって、各種金属イオンの混合水溶液の中に、適当な大きさのクラウンエーテルを入れれば、その環サイズに合った特定の金属イオンだけを選択的に抽出できることになります。

　この技術を利用して海水から原子炉燃料のウランや、貴金属の金を取り出そうという試みが行なわれています。

シクロデキストリン

　グルコース（ブドウ糖）は環状の分子です。グルコースが何個か繋がった化合物を「**デキストリン**」といい、このデキストリンが環状になったものを特に**シクロデキストリン**と呼びます。多くは6～8個のグルコース分子が立つようにして並んだ、桶状の化合物です。

　有機分子と有機分子の間には、ファンデルワールス力という分子間力が働くといいました。このため、シクロデキストリンの桶の中には、有機分子が入り込みます。

　ワサビの辛み成分は揮発しやすいものです。そこで、この分子をシクロデキストリンの中に閉じ込めておきます。しかし、醤油に入れると辛み成分は醤油に溶け出して辛みと香気を醸し出します。

包摂状態の分子は「カラダ隠してアタマ隠さず」の状態です。ここに試薬を攻撃させれば、アタマ部分を優先的に選択攻撃することができます。このように、化学反応における選択反応に使うことができます。

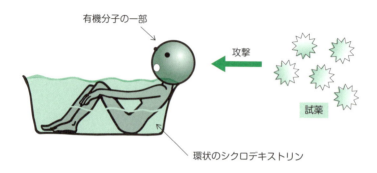

■ 7-4-2　有機分子の欲しい部分を選択的に攻撃

二種類のホストをそなえる「カリックスアレーン」

　環状に繋がったベンゼン環にエーテル部分が結合したものを「**カリックスアレーン**」と呼んでいます。これは分子の形が古代ギリシアの酒杯「カリックス」に似ており、ベンゼン環を一般に「アレーン」と呼ぶことからのネーミングです。

　カリックスアレーンの特徴は、二種類のホスト部分を備えていることです。すなわち、エーテル部分で金属イオンを包摂し、ベンゼン環部分で有機分子を包摂することができます。

　金属イオンは水溶性であり、有機分子は疎水性です。そのため、この両者は互いに相手を避け合うため、両者を衝突させて反応させることは容易ではありません。カリックスアレーンは、この両者の出会いの場をつくる月下氷人（仲人）の役をするのです。

　このため、カリックスアレーンは、水相（水溶液）と有機相（有機

溶液）の間で反応を促進するということで「**相関触媒**」と呼ばれることもあります。

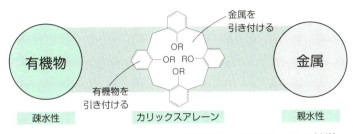

■ 7-4-3　カリックスアレーンは有機物と金属をとりもつ触媒

「多孔性金属錯体」は無限に広がった孔シート

　第5章5節で、「錯体」について紹介しました。そこでも述べたように、錯体は超分子の一種です。そして、金属部分に着目すれば無機分子であり、配位子部分に着目すれば有機分子、と認識されることになります。

　そのような事情で、普通は無機化学で扱われることが多い錯体に、「**多孔性金属錯体**」といわれる一群の錯体、超分子があります。この超分子の特徴は、単位構造が二次元に渡って無限に広がることです。単位構造の典型は図に示したようなものです。一目で「箱だ」と思われたのではないでしょうか。

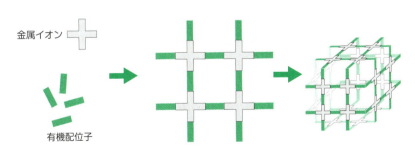

■ 7-4-4　多孔性の金属錯体が広がる

確かに箱型といえるでしょう、しかし、底がないので単なる仕切りというほうがよいかもしれません。ここではこれを「孔」といっておきましょう。多孔性の「孔」です。

　単位構造の壁は配位子の有機化合物です。そして角は金属原子です。先に見たように、金属原子には複数個の配位子が結合することができます。1個の金属に4個の配位子が結合し、それぞれの配位子が分子の反対側でまた別の金属に結合すると、二次元に無限に広がった「孔のシート」ができます。これを多孔性金属錯体というのです。

　用途はいろいろです。すぐに考えつくのは、「この孔に分子を入れよう」ということです。化学的に見ると、これは分子を二次元に整列させることを意味します。この状態で一気に結合させたら、二次元に渡る規則的な分子シート、高い配向性をもった高分子膜ができます。もちろん人類初の分子ですから、物性は不明です。

　超分子化学の面白味は、このようにアイデア、独自性を直ちに実現することができることです。超分子はまさに化学の宝箱、あるいは化学のオモチャ箱です。

5 分子機械は究極の極小マシーン！

　超分子のなかでも、特に今後の発展が期待されるのは「**分子機械**」といわれる分野と、生体への応用でしょう。分子機械は１分子マシーン、あるいは超分子機械ともいわれ、**１個の超分子が１個の機械の働きをするもの**であり、究極の極小マシーンです。

極小マシーンをつくる「パーツ分子」

　機械をつくるには各種のパーツが必要です。このようなパーツとしてよく知られたものを見てみましょう。

● 回転部分に欠かせない「分子ボール」

　炭素原子だけでできた球状の分子があります。３人の発見者は1996年にノーベル賞を受賞しました。この分子の存在を予言したのは日本の化学者でしたが、残念ながらノーベル賞は逃しました。

　最も有名なのは60個の炭素原子でできたC_{60}の「**フラーレン**」です。これはサッカーボールと同様に真球状です。そのため、球状ドーム建築を設計研究した英国の建築家の名前をとってバックミンスター・フラーレンと呼ばれることもあります。

　フラーレンにはC_{60}の他にも、76個、78個、それ以上の炭素原子でできた、回転楕円形のものも存在します。

　フラーレンは炭素電極を用いたアーク放電によって生成します。以前は合成が困難で、１ｇ１万円と、金の数倍の価格といわれました

が、最近は安くなりました。

　余談ですが、この分子は結晶中でも激しく回転しています。そのため、長い間、単結晶X線解析（分子の写真を撮ることに相当する技術）ができませんでした。動くので写真がブレるのです。しかし、極低温まで冷やすことで、初めて撮影が可能になりました。

　分子機械の回転部分に欠かせないパーツです。

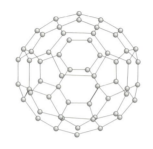

■ 7-5-1　C$_{60}$フラーレンの構造

●内部に何かを包み込む「分子チューブ」

　先に、炭素繊維の分子構造を、鳥かごの金網（ケージ）のようだと表現しました。六角形構造が無限に連続した平板状の分子です。このシート状分子が丸まってできた筒状分子を、**「カーボンナノチューブ」**といいます。

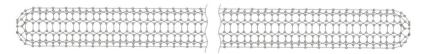

■ 7-5-2　筒状のカーボンナノチューブ

　単に巻いたものではありません。合わせ目はキッチリ融合して完全な円筒状になっています。そして非常に長い繊維状です。両端はフラーレンと同様の構造で閉じていることが多くなっています。入れ子式に、太いチューブの内部に細いチューブが入り、何重にも重なったも

のもあります。多いものは7重にもなっています。

応用としては、筒の内部に薬剤を入れてDDSとするものや、編んで丈夫なロープとし、将来実用化されるかもしれない宇宙エレベーターのケーブルにするなどの案が浮かんでいます。

その他に、カーボンナノチューブには半導体性があるので、電子デバイスに応用するアイデアもあります。

● パラボラの役割を果たす「分子アンテナ」

図は、単位構造が無限に広がった構造の平面状高分子です。その意味では超分子ではないのですが、超分子の領域で語られることが多いようです。分子の形が、樹が枝を広げる様子に似ているので、ギリシア語の木を意味する言葉のデンドロンにちなんで「**デンドリマー**」と呼ばれます。

この分子は、分子の拡がった広大な面積の情報、エネルギーなどを分子中央に集約する機能が期待されます。すなわちパラボラアンテナのような役回りです。

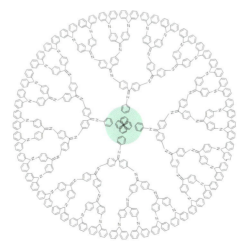

■ 7-5-3 樹木が枝を広げる形に似たデンドリマー

「単位機械分子」は有機マシン？

　機械は回転部や、開閉部、歯車など、いろいろな単位機械が組み合わさってできています。超分子機械はこれらの単位機械を分子でつくり、それをまとめて総合機械に組み立てるものです。伝統的な機械の組み立てと同じことです。単位機械に相当する超分子を見てみましょう。

●つかんだり離したりの「分子トング」

　パン屋さんでパンを挟む道具がトングです。図は、いわば分子でつくったトングです。挟むのはパンでなく、金属イオンM$^+$です。図のAではN=N結合の関係で2個のクラウンエーテル部分が離れており、金属イオンを効果的に挟むことはできません。

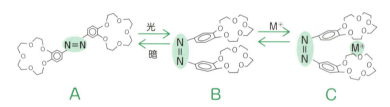

■ 7-5-4　分子トングが挟むのは「金属イオンM$^+$」

　しかしこれに光照射をすると、光反応の項で見たシス・トランスの異性化が起きます（第3章6節）。すなわち、N=N結合が変化してBとなり、クラウンエーテル部分が向かい合います。この状態ならばCのように効果的にM$^+$をつかむことができます。そして今度は異なる波長の光を照射すると、またAに戻り、M$^+$を放出します。

　このように分子トングは金属イオンをつかんだり離したりすることができるのです。

● 分子の位置で切り替える「分子スイッチ」

　環状の分子の中に棒状の分子を通した構造の超分子をロタキサンといいます。ギリシア語で一輪車の意味です。棒状分子の両端に立体的に大きな置換基を結合して、環から抜け落ちないようにすることもできます。

　この分子では、環状分子が棒状分子の両端を往復運動するので、**分子シャトル**と呼ばれることもあります。両端の置換基を互いに異なったものにすれば、環状分子が左端に行った場合と、右端に行った場合とでは状態が異なるので、この分子は両状態を切り換える「**分子スイッチ**」として働くことになります。

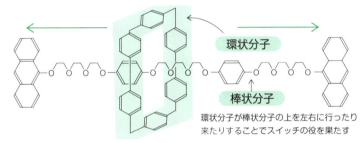

■ 7-5-5　分子スイッチは左右の状態の違いを利用する

　棒状分子の両端を結合して環状にしたもの、すなわち、2個の環が組み合わさった知恵の輪のようなものはカテナンと呼ばれます。ギリシア語で鎖という意味です。5個の環が組み合わさった、オリンピアンダンという有機化合物はオリンピックのシンボル（5つの輪）に似ているところからネーミングされたといわれています。

● 回転する「分子関節」

　図7-5-6のAは機械部品の回転部分に相当します。肝心な部分は鉄イオンFe^{2+}を2個の五員環分子でサンドイッチしたものであり、フェロセンと呼ばれる錯体、超分子です。この鉄を回転軸として回転す

ることができます。いわば「**分子関節**」といったものです。

　図Bは分子でつくった枠の中にベンゼン環を固定したものです。熱エネルギーによってベンゼン環は回転を続けます。回転を止めさせるためのストッパーも付いています。枠の上部にあるN=N二重結合に結合したベンゼン環です。普段はN=N結合がシス型のため、Bのようにストッパー役のベンゼン環は収納されています。

　しかし光照射をすると、N=N結合がトランス型になり、Cのようにベンゼン環が下に降りて回転ベンゼンの動きを止めます。

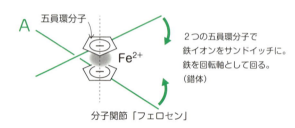

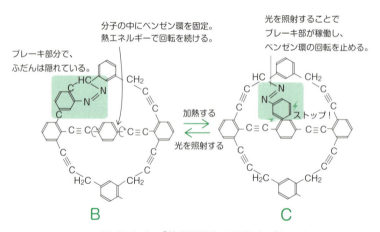

■ 7-5-6 「分子関節」の回転とブレーキ

まるで「分子でできたクルマ」！

　次図7-5-7のAに示したのは分子機械の例です。見た通り、自動車

のシャーシーにそっくりで、実際、自動車のように一定方向に動きます。自動車のタイヤに相当するのはフラーレンです。その結合状態から見て、もし、フラーレンが回転して動いたものなら、移動方向は矢印の方向、すなわちシャーシーの短軸方向に動くはずです。

図Bは、この分子自動車を金の結晶上に置いたときの自動車の軌跡です。明らかに短軸方向に動いており、斜めに動いた軌跡はありません。これは自動車がタイヤを回転させて動いたのであり、結晶面上を滑ったのではないことを示しています。

また、移動方向を変える場合には、分子が回転して、方向を変化していることもわかります。

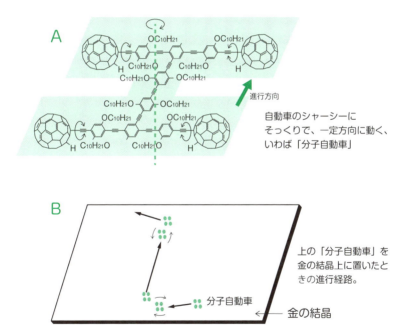

■ 7-5-7 「分子自動車」のシャーシーと進行方向

生体への応用、アクアマテリアル

分子膜の例もあるように、超分子は生体への応用が期待される分野です。ここでは「**アクアマテリアル**」といわれる、不思議な素材を紹介しましょう。

●アクアマテリアルの成分は

アクアは「水」という意味です。直訳すれば「水の物体」です。もちろん氷ではありません。この超分子は「水」と「バインダー」分子と「粘土」からできているのです。

はじめに断わっておきますが、粘土はただの土ではありません。それはケイ素Si、アルミニウムAl、酸素O、水素Hなどからできた天然の無機高分子なのです。採掘したばかりの粘土は、薄い高分子膜が重なった層状構造をしていますが、適当な処理をすると一枚ずつにはがれます。

バインダー、すなわち、「結合役」分子は、デンドリマー構造が2個、分子鎖によって結合した構造です。

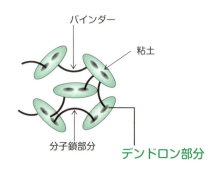

■ 7-5-8 生体への応用アクアマテリアル

● 大量の水、少量の成分分子からできた超分子

　剥離した粘土薄膜にバインダー分子を加えると、デンドリマー部分が粘土膜に結合します。この結果、粘土膜を集合させ、複雑なケージ状の構造体をつくります。ここに水を加えると、先に見た「高吸水性高分子」のように、水はこのケージ内に閉じ込められます。

　その結果、少量の成分分子と大量の水からできた超分子構造体、アクアマテリアルができるのです。

● 繰り返して使用可能な性質

　この分子の構造はコンニャクのようなものです。しかし、硬さはコンニャクの500倍もあるといいます。

　コンニャクもケージ構造に水が入り込んだものです、しかし、このケージ構造は高分子製です。共有結合での結合ですから、なかなか切れませんが、切れたら切れっ放しで自己修復能力はありません。

　ところがアクアマテリアルのケージ構造は超分子製です。シャボン玉のように、何回でも繰り返しの使用が可能です。すなわち、アクアマテリアルをナイフで切った後、切り口を合わせておくと元の一体物に戻るのです。どこが切り口か、一切わかりません。傷口がふさがるようなものです。

　また、限界以上の力を加えると崩れて液体状になります。しかし、放置すると元のアクアマテリアルに戻るのです。これを何に使うかは、今後の課題です。

第8章
最先端の有機化合物

　有機化学は日に日に進歩しています。かつて有機物は、「軟らかくて燃えやすく、電気を通さず、磁石にもくっつかない物」と考えられていました。現在、その考えは完全に変えなければなりません。なぜなら、防弾チョッキに用いられるほど強靱で、鉄筋の防熱に使われる超耐熱性に優れた有機物があるからです。また、磁性を示す有機物が開発され、さらには電気を通し、いまやLEDと並ぶ二大照明にまで成長した有機ELがあります。
　ここではそのような有機物の「常識」を書き換えた「最先端有機物」の姿を見てみましょう。

1 有機化合物でも超伝導体になれる！

「**超伝導**（あるいは超電導）」という性質は「金属固有の性質」と思われていましたが、有機物でも超伝導性を示すものが可能であることが明らかになりました。このように超伝導性を示す有機物のことを「**有機超伝導体**」といいます。

極低温で突如生まれる「超伝導性」とは

　電流というのは「電子の移動」のことです。ある物質の中を電子が動きやすい場合、「その物質の伝導性は高い」といいます。逆に、電子が動きにくい場合、「その物質の伝導性は低い」といいます。
　ところで、金属の電子は金属イオンの周りに漂っています。この電子が動くためには、金属イオンが邪魔（抵抗）をしないことが大切です。金属イオンが振動などをすると、抵抗が大きくなって電子は動きにくくなります。同じ物質でも、振動などの運動の激しさはそのときの状況によって変わります。何の状況かというと、「絶対温度（K）」に比例することが知られています。通常の摂氏温度を「℃」で表すと、絶対温度は次のように表せます。

　　絶対温度（K）＝摂氏温度 ＋273℃

　摂氏27℃のときは、絶対温度（K）は「300K」となり、絶対温度（K）で20Kのときは、摂氏温度では－253℃ということです。
　さて、話を戻しましょう。金属の抵抗は、物質が低温になればなる

ほど小さくなります。ということは、低温になるほど抵抗が少ないので電子は動きやすい――つまり、電気伝導度（伝わりやすさ）は大きくなるということです。そしてある低い温度に達すると、突如として「電気抵抗＝0」になります。これは「伝導度が無限大になる」ということを意味しています。この状態を「超伝導状態」といい、そのときの温度を**臨界温度**と呼んでいます。

この変化は図に示したように、連続的に変化するものではありません。突如、不連続に起こるのです。

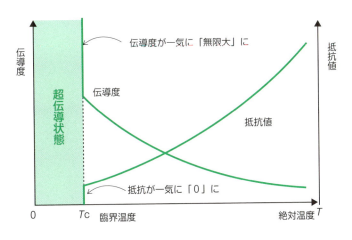

■ 8-1-1　超伝導は突如として起こる

自然界にはこのような不連続変化が起こることがしばしば見られます。身近な例としては、「氷←→水」の変化です。この変化は0℃（絶対温度では273K）で突如として起こります。徐々に起こる変化ではありません。「氷と水の中間的な状態」というものは存在しません。ミゾレは「中間状態」に見えますが、単に「氷と水が混じった状態」にすぎません。

実用化されている超伝導体の臨界温度は、絶対温度で数Kという極低温であり、冷却には液体ヘリウムが必須です。液体ヘリウムを使う

ことで、4K（−269℃）程度まで冷やすことができます。

さて、超伝導状態になると、どういうことが起きるのでしょうか。「電気抵抗が0になり、伝導度が無限大になる」ということは、コイルに発熱（抵抗）なしに大電流を流すことができるので、強力な電磁石をつくることができます。これを特に超伝導磁石といい、現在では脳の断層写真を撮るMRIや、JRのリニア新幹線で車体を浮かせるのに用いられています。

有機超伝導体を合成する

従来、このような超伝導体は金属でのみ生まれると考えられてきましたが、もし有機物で超伝導状態をつくることができれば、金属製に比べて軽くてフレキシブルになります。また、臨界温度も高くなる可能性があります。臨界温度が高くなれば、その物質を冷やすエネルギーが少なくて済みます。

● 電荷移動錯体をつくる

有機超伝導体には、「**電荷移動錯体**」という化合物を用います。この電荷移動錯体というのは、電子を放出する傾向のある「電子供与体」Dと、反対に電子を受け取る傾向のある「電子受容体」Aとを組み合わせるとできる、一種の超分子です（以下、供与体、受容体と略します）。

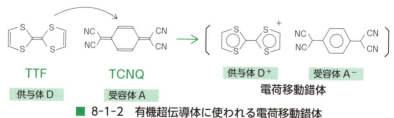

■ 8-1-2　有機超伝導体に使われる電荷移動錯体

図のように、実際の研究では、供与体DとしてTTF、受容体Aとして TCNQというものを用いて研究が行なわれましたが、本書では単に、「供与体D」「受容体A」で説明していきます。

　さて、供与体Dというのは、硫黄原子Sを二重結合に相当するものと考えると、二つの環内に二重結合が7個あることになります。これは、芳香族になるための条件（一つの環内に3個の二重結合：ヒュッケル則）に比べて、二重結合が1個多い状態です。そのため、供与体Dはπ電子を放出し、「安定な芳香族になろう」とします。

　一方、受容体Aはニトリル基CNを4個持っています。ニトリル基は「電子を受け取って－（マイナス）になろう」とします。

①電子の通り道

　供与体Dと受容体Aを混ぜ、この超分子を結晶化させると、図に示したように、供与体Dと受容体Aとが分かれ、供与体DはDだけが積み重なり、受容体AはAだけが積み重なることがわかりました。

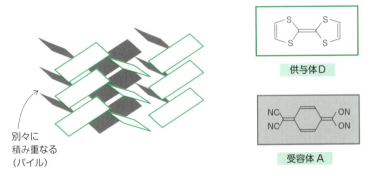

■ 8-1-3　供与体Dと受容体Aが分かれる

　この積み重なりのことを「**パイル**」と呼びます。すると、π電子がこのタテに並んだ分子を突き通すように流れ、伝導性が現れます。

　電子を放出して電子が少なくなった供与体Dで電流が流れるのは、「伝導性高分子」（第6章1節）と同じ原理です。それでは電子を受け

1 | 有機化合物でも超伝導体になれる！

取った受容体Aに伝導性が現れるのはなぜでしょうか。

② 一般道が渋滞なら、高速道へ

　それを直観的に理解するには、前にもお話しした喩えをもう一度用いると、わかりやすいかもしれません。すなわち、受容体Aの一般道路は電子で埋まっており、渋滞で動けません。この電子のほうは諦めて放っておきましょう。

　新たに供与体Dから移ってきた電子は、もう一般道路に入ることはできません。しかし、「高速道路はガラ空き」です。そのため、受容体Aは高速道路に入った電子によって伝導性が現れたのです。

● パイエルス転移の壁

　このようにしてつくった電荷移動錯体の結晶に電流を通し、その温度変化を測定してみました。計画の通り、電荷移動錯体は金属のように電流を通し、しかも伝導度は低温になるに連れて上昇しました。

　ところが、もう一息で超伝導状態に突入……、と思ったとたん、思いがけない変化が起こりました。伝導度が突如0になったのです。電気抵抗が0になったのではなく、電流がまったく流れなくなったのです。この劇的な変化を「**パイエルス転位**」と呼んでいます。

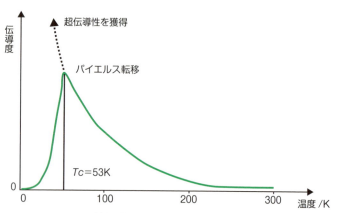

■ 8-1-4　熱伝導の前に立ちはだかった「パイエルス転位」の壁

研究の結果、パイエルス転位は、「電流の方向がパイルの方向だけである（一次元）」ことが原因、とわかりました。そこで、パイルの間にも電流が流れるように改良した電荷移動錯体をつくってみたところ、みごとに有機超伝導体が完成したのです。

　しかし、この臨界温度はまだ低く、10K（−263℃）程度です。実用化にはまだまだです。今後、臨界温度を上昇させる研究が待たれるところです。

科学史を汚した「有機超伝導体ねつ造」事件

●シェーンの事件

　20世期の終わりころ、有機超伝導体の研究は世界中の有機化学者によって精力的に行なわれていました。しかし、超伝導性は確認されたものの、一向に臨界温度が上がりません。手を変え品を変え、材料を変えてみても、依然として10K程度にしかならないのです。

①驚愕すべき研究業績は発表される！

　そこに彗星のように登場した若い研究者がいました。ドクターを取ったばかりの若さにもかかわらず、アメリカのベル研究所の研究員に抜擢されたドイツ人研究者、ヘンドリック・シェーンでした。

　彼は期待に応えて研究し、目覚ましい成果を上げ続けました。2000年には臨界温度を52K（−221℃）にまで上げたのです。10Kから52Kへと、信じられないほどの成果でした。彼の研究のアイデアは、フラーレンに酸化アルミニウムを蒸着するというものでした。

　このアイデアは破壊的といえるほどの効果を持っていました。なぜなら、翌2001年には臨界温度を117K（−156℃）にまで高めたからです。信じられないほどのペースでの臨界温度の上昇。

　彼は63報の報告を発表。その中には科学論文誌として著名な

「Nature」(7報)、「Science」(9報)への掲載も含まれ、63報のうち16報はわずか3年の間に書かれたものでした。彼はこの業績と、飾らず親切で人当たりのよい態度とで、研究者としての賞賛ばかりでなく、人間としての尊敬まで勝ち得ていました。ノーベル賞もすぐ目の前まで来ていたのです。

②**追試に誰も成功しない？　大いなる疑念**

　しかし、多くの科学者がシェーンの実験を追試しましたが、すべて失敗に終わりました。追試をした研究者は、研究を再現できない自分の未熟さを責めたようです。このため、シェーンの研究施設の見学を依頼した研究者もいましたが、ドイツ出身の彼は、ベル研究所と出身大学の両方に研究設備を持っており、主要な研究はドイツで行なっているということで、すべて断られました。

　シェーンの後ろには、ベル研究所という看板があり、さらに彼の研究は、有機超伝導体研究のトップ研究者といわれた教授の下での研究でした。シェーンの実験結果を疑う研究者は一人としていませんでした。

　ところが、ある研究者が、シェーンのデータに不思議な点を見つけたのです。それは温度を変えた際の測定実験のデータでしたが、ノイズ（雑音）部分がまったく同じだったのです。ノイズが同じなどということは確率的にありえないことです。おかしいと思ってさらに調べたところ、もう一つのデータのノイズも等しいことがわかりました。これは起こりえないことです。

　2002年、ベル研究所は調査委員会を設置し、9月にシェーンの不正が明らかとされました。彼は即刻、懲戒解雇となりました。この時に不正とされた報告は16報でしたが、その後詳しく検討した結果、ほぼすべての報告が不正であったことが明らかになりました。

● ファン・ウソクの事件

　2005年、韓国のバイオ研究者であるファン・ウソクによるES細胞研究ねつ造事件が明らかになりました。ファン・ウソクもノーベル賞を取るのは間違いなしといわれ、韓国の英雄とまでもてはやされていた人物です。このねつ造事件が韓国を揺るがすほどの衝撃を持って迎えられたのは記憶に新しいところです。このため、シェーンの超伝導ねつ造事件、ファン・ウソクによるES細胞研究ねつ造事件の2つをあわせて、「**科学の2大ねつ造事件**」といわれています。

● 日本のねつ造事件

　日本も例外ではありません。東京の某大学医学部の准教授のケースは常識を超えたものです。不正発覚時に52歳であった彼は、それまでに249報の報告を出していました。調査の結果、ねつ造が172報、真偽不明が37報、残り3報が問題なし、と判定されたのです。そのうち126報は実験もせず、まるで小説を書くように書いたといいます。

　残念なことに、ねつ造報告172報というのは、一人の研究者が書いたものとしてはギネスブックものだそうです。

　画期的な論文やデータが発表されると、そのデータを基にして他の研究者が新しい研究を積み上げる可能性があります。すると、彼らの新しい研究はまったく意味のないことになり、時間とコストをムダに消費したことになるのです。

2 有機太陽電池の原理としくみ

　太陽電池は、「光エネルギーを電気エネルギーに換える」装置です。この原理は、アインシュタインの「光電効果」と呼ばれるものを実用化したもので、アインシュタインはこの光電効果によってノーベル賞を受賞したのは有名な話です。

　現行の太陽電池は、シリコン半導体を用いるものですが、これを有機物で実現したものが、この節で説明する「**有機太陽電池**」です。

　有機太陽電池には、有機薄膜太陽電池と有機色素増感太陽電池の二種類があります。有機太陽電池は目下のところ、性能的にはシリコン太陽電池に劣ります。しかし、付加価値まで考えると、コストパフォーマンス的には十分にペイする段階に達しており、既に一部で実用化が始まっています。

無機の太陽電池の原理は？

　現在、太陽電池といえば、シリコン半導体（シリコン＝ケイ素はもちろん無機材料）を用いたシリコン太陽電池です。そこで有機太陽電池のしくみを見る前に、シリコン太陽電池の構造と原理を先に見ておきましょう。

●n型、p型半導体のサンドイッチ構造
　「**半導体**」とは、電気伝導度が金属などの良伝導体と、ガラスなどの絶縁体の「中間にある」ということを差しています。元素の中に

は、そのままで半導体の性質を持つ物質があり、それを「元素半導体」、あるいは「真性半導体」といいます。シリコン（ケイ素）Siやゲルマニウム Ge が真性半導体の典型です。

　しかし、真性半導体をそのまま使っても伝導度が低すぎ、実用品としては使いにくい面があります。そこで、真性半導体にわざと「不純物」を混ぜ、伝導度を上げることが検討されました。このような半導体を真性半導体に対し、「**不純物半導体**」といいます。

　例えば、シリコン（14族元素）に、ホウ素B（13族）を混ぜると電子の不足した半導体ができます。電子が不足、つまり「マイナスが不足する→プラスになる」という意味で、これを正（positive）に荷電していると考え、「**p型半導体**」といいます。

　一方、シリコン（14族）にリンP（15族）を混ぜると、電子が過剰の半導体となります。これを負（negative）に荷電しているということで、「**n型半導体**」といいます。

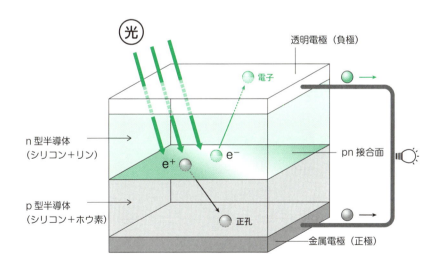

■ 8-2-1　シリコン太陽電池が電気を生むしくみ

太陽電池は、この二種類の半導体を接合（原子スケールで密着）したもののことをいいます。すなわち、光を通すくらいに薄くしたn型半導体と、適当な厚みを持つp型半導体を原子レベルで隙間のないように接合し、それを透明電極と金属電極でサンドイッチにしたものが太陽電池なのです。

太陽電池の素晴らしいところは、機械稼働の部分がない、ということです。原理的には故障知らず、メンテナンスフリーですから、半永久的に発電し続けることになります。

● 発電の原理

透明電極と、薄いn型半導体を通して光が両半導体の接合面、pn接合に達すると、電子e^-と正孔h^+が発生します。

電子はn型半導体を通って透明電極に達します。一方、正孔はp型半導体を通って金属電極に達します。電子と正孔は導線を通って電流となり、デモンストレーション実験としては、豆電球を灯したり、モーターを回すことになるのです。

シリコン太陽電池が太陽光の光エネルギーを電気エネルギーに換える変換効率は、最大25%程度に達します。しかし、一般の市販品は20%程度のようです。

有機の薄膜太陽電池の原理

有機太陽電池のうち有機薄膜太陽電池の構造、そして発電の原理は、シリコン太陽電池とほとんど同じです。違いは、有機太陽電池では半導体が有機物であるということだけです。

先に電気陰性度（第1章4節）で見たように、有機物の中には電子を取り入れてマイナスに荷電する傾向の強いものがあります。これ

は、元々は電子が少なかったと考えられるので、p型半導体と分類されます。反対に電子を放出してプラスに荷電しようとする分子もありますが、これは元々は電子が豊富だったのですから、n型半導体と分類されます。

この両者を原子レベルで接合すれば、シリコン太陽電池と同じ機能を持った物体の誕生となります。つまり、この有機材料に光が照射されれば、シリコン太陽電池の場合とまったく同様に、電流が発生するというわけです。

有機薄膜太陽電池の変換効率は12%程度で、シリコン型に比べて明らかに劣ります。しかし、変換効率がすべてではありません。どのような場合にでもプラスαがあります。

有機太陽電池には、軽量、柔軟、着色自在、さらには製造に必ずしも特別な装置を要しないなど、有機物を使うための長所があります。そのため、シリコン型と有機型を冷静に比較すると、有機太陽電池にも大きなメリットがあり、すでに有機薄膜太陽電池は実用化されています。

有機色素増感太陽電池

太陽電池の二つめが「**有機色素増感太陽電池**」と呼ばれるものです。これはスイスのグレッツェル教授が1991年に発表したため、グレッツェル・セル（セル＝電池）とも呼ばれます。

構造、発電原理とも少々複雑であり、特に原理と材料の組み合わせには芸術的ともいえる精巧精妙さが必要となります。それだけに、研究者にとっては興味深いものです。

● **構造──2枚の電極の間に電解質を充填**

　有機色素増感太陽電池は2枚の電極からできています。負極は二酸化チタンTiO_2に、ルテニウムRtなどの金属元素を含んだ有機色素を吸着させたものです。一方、負極は白金や炭素などです。

　この電極の間にヨウ素溶液などの電解質溶液を充填したものが「有機色素増感太陽電池」です。電解質溶液は故障の原因になりやすいので、現在は固体電解質を用いることが多くなっています。

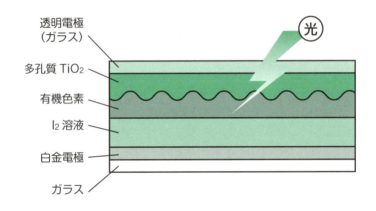

■ 8-2-2　色素増感太陽電池の構造

● **発電原理──有機色素が増幅する**

　この有機色素増感太陽電池に光照射をすると、負極の酸化チタンに吸着している色素（増感色素）が光を受け取って、高エネルギー状態（励起状態）となります。続いて、この色素の高エネルギー電子が酸化チタンへ移動します。このようにして酸化チタンに達した電子は、外部回路を経て正極に移動します。

　一方、電子を失った色素は電解液中のヨウ素から電子を受け取ります。電子を失ったヨウ素は、正極から電子を受け取って元の電気的中性状態に戻ります。

　これで電子は外部回路を一巡したことになり、電流が流れたことに

なるのです。

　この電池では、負極の酸化チタンが直接光エネルギーを受け取るのではなく、いったん有機色素が受け取って、それから酸化チタンに渡しています。これは「有機色素が電池の性能を増幅している」という意味で、「**色素増感電池**」というのです。

　この電池の変換効率は12％程度です。原理的には興味深いですが、グレッツェル教授が原理的なモデルを最初に発表した1991年当時、すでに7％ほどの変換効率があったことを考えると、この辺が発電効率の限界なのかもしれません。

3 有機ELには曲げられるテレビ、面発光の照明への期待

　現在、日本で薄型テレビといえばほとんどが「液晶型」を指しています。しかし、薄型テレビにはもう一つの形式があります。それが「有機EL型」のテレビです。世界的には、すでに有機ELを利用したテレビ、スマートフォン、自動車のメーター類などが市販されています。

　実は、日本は有機ELの研究ではトップを走っているといわれます。ただし、実用化に関しては出足が遅いようです。

テレビ画面をクルクルと巻く？

　「**有機EL**」のELはElectro Luminescence、電子発光の略です。最近普及したLED電球も電子発光を利用したものですが、この場合の発光体はダイオードなどの無機物によるものです。

　有機ELはその名前の通り、有機化合物そのものが発光するしくみです。簡単にいえばペンキが光を出すようなものなのです。

●軽くて柔軟、曲げられるテレビ

　有機ELの本体は有機化合物です。そのため、有機化合物が持つ長所をそのまま受け継いでいます。すなわち、軽くて柔軟、製造に特別な装置を必要としない、などです。

　ところで、液晶テレビの液晶は、自ら発光しませんので液晶パネルの裏から光を当てていて、その分だけ厚みを増します。しかし、有機

ELの場合、有機化合物そのものが発光しますから、発光パネルを必要としません。したがって、液晶テレビよりもさらに薄くできることになります。また、液晶テレビでは、例え画面が黒くても発光パネルは点灯し続けていますから、電気は点灯しっ放しですが、有機ELでは、黒いときには通電していません。したがって漆黒の黒を表現できますし、省エネにもなります。

有機EL分子に通電して電気制御するための透明電極を高分子にすれば、テレビ全体が折り曲げ自在の柔軟なものになります。見終わったらロールカーテンのように巻き上げて収納することも可能となります。大きな可能性を秘めているのです。

将来、自動車の車体に有機ELを応用すれば、背景に合わせて色や模様を変えることのできる、究極の迷彩色となるでしょう。もし、これを人体に応用すればカメレオン並みの保護色も可能です。また、部屋の内部全体をテレビ化すれば、臨場感満点のヴィジュアル空間をつくることも可能となります。

● 「面」で発光する照明ができる！

有機ELはテレビだけでなく、照明をも変える力を持っています。人類が体験したことのない、新しい発光形式だからです。

有機ELを光源と考えれば、これは完全な「**面光源**」です。白熱灯やLED照明を「点光源」とすると、蛍光灯は「線光源」になり、さらに有機ELは「面光源」ということができます。簡単にいえば、有機ELはペンキを塗るように、光らせたい部分に塗布して光らせることができます。天井に塗布すれば天井全体が照明となり、壁に塗れば壁が照明となります。このような照明器具はこれまでに存在しませんでした。

このような「面光源」は、店頭などのディスプレイ用に画期的な表

現手段となる可能性があります。例えば、これまでは立体物全体を光らせようとすると、その立体物を半透明なプラスチックでつくり、中に電球を入れて光らせていました。しかし有機ELを使えばどうでしょうか。そんなめんどうは不要で、立体物の表面に有機ELを薄く塗るだけで発光可能になるでしょう。色も塗り替えられるので、商品ディスプレイとして自由自在です。

有機ELの発光の原理

　有機化合物に限らず、すべての原子、分子の発光の原理は同じです。すなわち、普通の状態の分子のエネルギー状態は図のAです。すなわち、低エネルギー軌道に入っています。

　この分子にエネルギー$\mathit{\Delta}E$を与えて、図Bの高エネルギー状態にします。すると、この電子は不安定な高エネルギー状態を嫌って、元の低エネルギー状態Aに戻ろうとします。

　この時、先ほど受け取ったエネルギー$\mathit{\Delta}E$を余分のものとして放出します。このエネルギーが熱の形を取れば「発熱」となり、光の形を取れば「発光」となるのです。

　有機ELでは、Bの状態をつくるのに特殊な方法を用います。すな

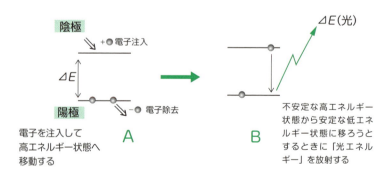

■ 8-3-1　有機ELの発光のしくみ

わち、Aの直接エネルギー⊿Eを与えるのではなく、高エネルギー電子を注入し、反対に低エネルギー電子を除去するのです。つまり、陰極から電子を上の軌道に送り込み、同時に下の軌道から電子を陽極に取り去るのです（電子系の学会では「電力を取り去ることを「正孔h⁺を加える」と表現します）。

この操作を実現するように有機物を配置したものが有機ELの基本形です。すなわち、「陽極（透明電極）、正孔輸送層、発光層、電子輸送層、陰極」の順に並べるのです。発光は発光層で起こり、人はこの発光状況を正孔輸送層、透明電極を通して見ることになります。

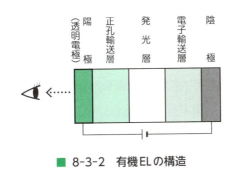

■ 8-3-2　有機ELの構造

有機ELだけでなく、有機太陽電池など、有機化合物を用いたすべての機器には、有機物ならではの弱点があります。それは耐久性の問題です。有機物ですから、空気（酸素）に長い間にわたって触れれば徐々に酸化されます。紫外線を浴び続ければ、有機物は分解します。高熱に晒されれば劣化します。

これを解消するのは難しいでしょう。そこで、ガラスや硬質プラスチックで空気をシャットアウトし、有機物を封じ込める、という形で進んでいます。

4 有機磁性体の秘めたる可能性

　磁石の性質を一般に「**磁性**」といいます。磁性は、電荷を持った粒子が自転（スピン）することによって発生する磁気モーメントによって引き起こされることが知られています。

なぜ、有機物には磁性がないのか？

　電子はマイナス電荷を持った粒子であり、しかも自転しています。したがって電子は磁性を持っていることになります。そして、すべての原子、分子は電子を持っています。したがって、「すべての物質は磁性を持っている」ことになりそうですが、現実がそうでないことはご存じの通りです。アルミニウム製の一円玉は磁石に吸い付きませんし、多くの有機物も磁石に付きません。なぜでしょうか。

　それは電子の自転方向に関係があるのです。すなわち、磁石にN極とS極があるように、「**磁気モーメント**」には方向があります。そしてその方向は電荷の自転方向に依存します。

　つまり、自転方向が反対になれば磁気モーメントも反対になるのです。したがって、スピン方向の異なる2個の電子が対になった電子対では、磁気モーメントの方向が反対になり、相殺されて0となってしまいます。

　有機化合物は共有結合でできているので、すべての電子が電子対をつくっています。そのため、有機物には磁性がないのです。

ラジカル分子を安定化させられるか？

ということは、有機物に対にならない電子＝**不対電子**を持たせれば、磁性が現れることになります。

この不対電子を持った分子のことを、一般に「**ラジカル**」といいます。ラジカルとは「不安定な中間体」といわれるものの一種です。つまり、安定な分子ではないのです。

有機磁性体をつくるということは、このようなラジカル分子を安定化させ、安定な物質として取り出せるようにしなければならないということです。

それだけではありません。分子内に1個の不対電子しか持たないような分子では磁気モーメントが弱く、研究用には面白くても、実用にはなりません。ということで、分子内に複数個の不対電子を持つことが要求されます。

「スピン相互作用」でモーメントの方向を揃える

分子内に複数個の不対電子がある場合には、不対電子間に相互作用が起きる可能性があります。相互作用が起きると、2個の不対電子は互いにスピン方向を逆にした「遠隔電子対」という状態になり、磁気モーメントが互いに相殺されてしまいます。

これらの事情が解決されて、「分子」が磁性を持ったとしても、それだけで「物体」が磁性を持つとは限りません。物体は分子の集合体です。もし、分子の磁気モーメントが1：1で逆方向を向いてしまったら、物体全体としてはモーメントが相殺されてしまいます。「物体」が磁性を持つためには、分子間に「適当な」相互作用が生じなけ

ればなりません。

　分子間の相互作用は両刃の剣なのです。「望ましい相互作用」は、分子の方向を揃えて磁気モーメントを強化します。しかし、「望ましくない相互作用」は、電子対をつくって磁気モーメントを0にしてしまいます。

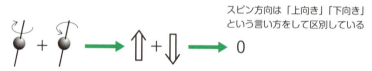

スピン方向は「上向き」「下向き」という言い方をして区別している

■ 8-4-1　スピン方向が逆の場合、打ち消し合う

有機磁性体を設計するには

　有機磁性体をつくるには、これらの課題を一つひとつ、地道に解決していかなければなりません。

　有機磁性体の研究そのものは20世期の中ごろからすでに行なわれていましたが、主に旧ソ連の研究者が行なったものでした。残念ながらそこには理論的な裏付けは少なく、たまに出る報告も実験事実の観察記録的なものであり、中には再現性が危ぶまれるものもあったようです。

　このため、実験事実とその理論解析があいまった研究の歴史は、ここ30年ほどといってよいでしょう。しかしその進展は著しく、現在では、いくつもの有機磁性体が開発されています。最近では磁性を持った高分子も開発されています。しかし、これらの中には磁性発現の

ためには極低温を要するものなどもあり、実用化するにはまだまだ壁がある、といってよいでしょう。

　しかし、有機磁性体が開発されれば、軽くて薄くフレキシブルという有機物の特性を生かし、他の素材とコラボレートした新規素材が開拓される可能性が出てきます。今後に期待したいものです。

終章
未来を拓く有機化学

これまでに、有機化合物の多くの種類、その性質、反応性、応用性などを見てきました。有機化合物の種類の多さ、その性質の多様性には改めて驚かされるものがありました。生命体を構成するという有機物の使命には頭の下がる思いをするのではないでしょうか。

また、人類に貢献する応用面においても、有機化学の多様性、有用性はいまさらながら脱帽ものです。種々の機能を持った機能性高分子、有機超伝導体、有機磁性体……。いまや有機物の能力は金属に迫る、あるいは金属を凌駕するところにまで達しています。

最後の章として、有機化学の今後の可能性を考えてみましょう。

1 エネルギー問題に挑む有機化学

　現代社会は「エネルギーの上に成り立っている」といっても過言ではありません。冬の寒さをしのげるのも、夏の暑さをしのげるのも、ストーブやエアコンのおかげであり、これはすべてエネルギー消費の上に成り立っています。

　また、情報面でもエネルギーの貢献は変わりません。スマートフォンとパソコンのない生活は、いまや考えられません。これらが電気エネルギーの上に成り立っていることは、いうまでもないことです。

巨大エネルギーに依存する現代社会

　現代生活のあらゆる場面に顔を出すのがプラスチック、合成繊維、ゴムなどの高分子です。これらすべては化学反応によって合成されたものです。そして、化学反応を行なうためには、原料精製、反応温度の設定、確保など、多くのエネルギーを必要とするのです。

　この小さい地球が70億もの人口を養うことができるのは、奇跡に近いことです。それを可能にするのは、窒素肥料をはじめとした化学肥料による農産物の増収です。窒素肥料はハーバーとボッシュによって開発されたアンモニア合成法（ハーバー・ボッシュ法）によってつくられています。しかし、この合成のために世界中で使われる電力がどれほどであるか、ご存じでしょうか。通常型の原子炉150基分に相当するといいます。

　現代社会では食料の生産にも、大きな電気エネルギーを必要として

いるのです。

　まさしく、現代社会はエネルギーの上に成り立っているとしかいいようがありません。

可採埋蔵量で考えると

　エネルギーを生産するには多くの方法があります。大量のエネルギーを一気に得るには、原子核分裂による原子力発電がふさわしいでしょう。核融合を利用した核融合発電の可能性も期待されますが、しばらくは研究段階に留まらざるをえないようです。もちろん、太陽光や地熱、風力、波浪などを利用した再生可能エネルギーも大切です。

　しかし、現在、エネルギー源の主体を担っているのは、有機物を燃焼することによる火力エネルギーです。燃料として用いられるのは化石燃料と呼ばれる石炭、石油、天然ガスが主体です。

　これらの燃料の最大の問題は、資源量が限られていることです。燃料の資源量は可採埋蔵量で計られます。可採埋蔵量とは、現在、存在が確認されている燃料を現在の技術水準で採取し、現在の使用水準で使い続けたら、今後、何年間使えるかというものです。したがって、新しい油田が発見されたり、新しい採掘法が開発されたり、反対に使用水準が拡大したりすれば、可採埋蔵量は変化します。

　現在のところ、石炭は120年ほどありますが、石油、天然ガスは30年ほどといわれています。原子炉の燃料に使われるウランとて100年ほどに過ぎないのです。100年後のエネルギー事情はいったいどうなるのでしょうか。

終章　未来を拓く有機化学

新エネルギーに化学の力は不可欠だ

　実は、石油の可採埋蔵量は年々伸びる傾向にあります。私が学生だった頃、石油の可採埋蔵量は30年といわれました。それから40年経った今も、相変わらず30年です。

　しかし、「ずっと30年といわれ続けるのでは？」と安心していることはできません。石油の枯渇問題は経済問題に留まらず、政治問題にまで発展していくからです。

　そのような中で注目を集めているのが、一般に新エネルギーといわれるもので、これにはシェールガスの他、メタンハイドレート、コールベッドメタン、シェールオイル、オイルサンドなどがあります。

●メタンハイドレートは超分子

　メタンハイドレートは、十数個の水分子が水素結合してつくったケージ（籠）の中に、1個のメタン分子が閉じ込められた「超分子」です。燃やすとメタンは燃えて熱エネルギーを放出しますが、水は燃えることなく、蒸発して水蒸気となります。

　メタンハイドレートは主に海底の大陸棚に存在し、日本近海だけでも、日本のエネルギー消費量の100年分の埋蔵量があると予想されています。目下、愛知県の渥美半島沖で世界最初のメタンハイドレートの採取実験が行なわれています。この採掘法では、海底でメタンハイドレートを分解し、メタンだけを採取することになっています。成果が楽しみなところです。

●コールベッドメタン

　コールベッドメタンは、その名前の通り、石炭鉱床（コールベッ

ド）に吸着されたメタンのことをいいます。石炭を採掘中の鉱床にも、採掘を終えてしまった鉱床にも、コールベッドメタンは含まれているそうです。

　ここに圧力水を注入したり、二酸化炭素を注入することによってメタンを採取するという方法です。圧力水を用いる場合には、シェールガスで見たのと同様、随伴水の問題が起こります（第6章2節「環境を改善する機能性高分子)」。

　ここにも化学の出番が待っていそうです。

●シェールオイル

　シェールオイル、あるいはオイルシェール（油母頁岩）はシェール（頁岩）に吸着された油のことです。この頁岩は地表近くにありますので、採掘は露天掘りでも行なえます。

　ただし、「油」は「石油」ではありません。「油母」といわれるもので、いわば石油の母体（固体）です。したがって、油母を採取しても、そのまま石油燃料のように使うことはできません。油母を熱分解、あるいは化学処理をして気体燃料、あるいは液体燃料とする必要があります。油母の可採埋蔵量は原油以上といわれます。

　ここにも、非常に大きな化学のビジネスチャンスが埋まっているといえるでしょう。

●オイルサンド

　これは砂岩に吸着された油のことです。この「油」は石油の一種ですが、一種というより一部といったほうが正確です。要するに、石油が長い間、地表に放置されたため、その揮発成分が除かれてしまって残ったものです。いわばピッチと砂の混合物です。したがって、この処理にも化学が駆り出されます。

このように見てくると、化学への需要は、当分、枯渇する心配はなさそうです。

2つの再生可能エネルギー

　現在、重視されているのが再生可能エネルギーです。これは、
①太陽光のように無尽蔵にあるエネルギー
②使用した後に、使用した分の燃料が自然再生されるエネルギー
の二つのことをいいます。
　有機物である木材は②の代表です。木材を燃焼して発生した二酸化炭素は、また植物が光合成によって木材に再生します。そのため、木材は再生可能エネルギーなのです。
　また、有機廃材の微生物発酵によってメタンを発生するのも、昔から利用された方法であり、再生可能エネルギー生産の一種です。

2 生命現象をとことん解明する有機化学

　初期の有機化学は、生命体に関係した物質を扱う研究でした。その後、有機化学の進歩に伴って研究対象が広がり、生命関係以外の物資をも広く扱うようになりました。このように有機化学のフィールドは広がりましたが、有機化学が生命に関係した現象を扱うのに最も相応しい化学（科学）であることには変わりありません。

生命の解明にこそ「有機化学」の出番がある

　科学全般にとって最大の課題の一つは、「生命の解明」です。生命とは何なのか、生命はどのようにして誕生したのか。科学は生命をつくれるのか……。これらの解に最も近い位置にいる科学が有機化学なのです。

●生命体をつくるもの

　我々の体をつくるものは、骨格と水分を除けばそのほとんどは有機化合物です。タンパク質、糖、脂質を主なものとし、微量成分としてホルモン、ビタミンがあり、遺伝に関係したものとして核酸（DNA、RNA）があります。また、細胞をつくるものとして細胞膜があります。

　いまや、これらの構造と機能の大部分は解明されたといってよいでしょう。そればかりではありません。これらのほとんどは合成可能となってきており、実際に合成されています。

タンパク質の種類は人間だけで数万種類もあり、その立体構造は複雑精緻を極めます。しかし、どのようなタンパク質であっても、純粋物質として単離することさえできれば、その構造を決定することは可能です。

　現在では、小さい人工タンパク質は有機合成されています。ビタミン、ホルモンの合成は簡単な例であり、最も難しい構造のビタミンB_{12}ですら、1972年にウッドワードらによって合成されています。

　細胞膜の構造や成り立ちは「分子膜」で見た通りです。細胞膜の製作はリン脂質を水に溶かすだけです。

●遺伝を支配するもの

　遺伝を支配するのは、DNA、RNAと呼ばれる核酸と、酵素と呼ばれるタンパク質の共同作業です。

　DNA、RNAはそれぞれわずか4種類の単位分子からできた天然高分子です。また、人間のDNAはこの高分子鎖が2本あり、それら2本が水素結合によって二重らせん型に結合した超分子です。この高分子鎖における単位分子の配列順序は、アメリカの国家プロジェクトとして行なわれた「ヒトゲノム計画」によって2003年に解明済みです。

　DNAは細胞分裂に伴って分裂・複製されますが、そのしくみは細部にわたって解明されています。RNAは娘細胞内で、DNAを基にして合成されますが、そのしくみも解明済みです。

　いまや、DNAの人工的な組み換え、組み合わせ、さらには全合成まで可能になっています。DNAの合成は、もはや研究者の仕事から離れてしまいました。なぜなら、塩基配列さえ指定すれば、DNA製造会社が数日のうちに製品として届けてくれるからです。仕出し弁当のようなものです。

● 人工細胞の要件を満たす？

　生命体の条件は、自分の生命を維持でき、同時に自己増殖できることの2点です。具体的な条件としては、「細胞構造を持っていること」です。細菌は細胞構造を持っているので生命体に含めますが、ウィルスは細胞構造を持っていないので生命体ではなく、「物質扱い」になります。そこに線引きがあります。

　それでは人工的につくった細胞膜、すなわち二分子膜の球の中に、人工的につくったDNAを入れたらどうなるのか。このような人工細胞モデルは、2010年代初頭に作成済みです。酵素の作用を必要とするようですが、なんと、人工DNAは自発的に分裂複製を行ない、それに伴って人工細胞は細胞分裂を繰り返して増殖を行なったといいます。

　これはまさに、「生命体の人工合成」といえるのではないでしょうか。

医療での役割は

　医療に占める有機化学の役割はいうまでもありません。医薬品のほとんどすべては有機合成の手法によって合成されているからです。今後は新しいコンセプトに基づく医薬品開発が重要になるでしょう。

　第7章でも見たように、単独では抗ガン作用を持たない両親媒性分子が、二分子膜という超分子になると抗がん作用を持つのはそのような例でしょう。

　また、これまでは生理的な機能を持たないとされた貴金属も、有機化合物とのコラボレーションによって新規な効能を持つ医薬品になることが発見されています。白金Ptを用いた抗ガン剤であるカルボプラチンや、金Auを用いたリューマチ特効薬の金チオリンゴ酸などはその好例です。

食料増産は化学の力で

　現在、地球上には70億の人類が住み、この瞬間にも増大の一途を辿っています。これだけの人類が現在生きていけるのは、化学肥料、殺虫剤、殺菌剤などの化学的合成によるものです。

　しかし、そのような間接的な食糧合成だけでは間に合わない時代が訪れるかもしれません。それではどうするのか。当然、食料の化学的な直接生産しかありません。

● 分解グルコースで直接摂取の可能性

　グルコースからできた多糖類にはデンプンとセルロースがありますが、人類が利用できるのはデンプンだけです。つまり、セルロースは草食動物に食べてもらい、そのお肉を摂取するという、間接的な利用法に留まっています。

　セルロースを化学的に加水分解してグルコースにするのは造作のないことです。微生物による発酵を用いる手段もあります。

● 石油タンパク質への再挑戦も

　石油をタンパク質に変えるのも、発酵を使えば可能です。「石油タンパク」の名前で実現しそうになったいきさつもあります。この時には、人造タンパク質に含まれる微量不純物の有害性が問題となって、実現には至りませんでした。

　しかし、現代の化学の分離精製技術で見直せば、有害物質を完全に除去して、安全な人造タンパク質を合成することは可能でしょう。

　この課題も、いつの日にか出番が回ってきそうな化学技術の巨大プロジェクトです。

3 21世紀の化学はどうなる

20世紀の化学とは何だったのか？

　これからの化学の方向を考える場合、ときには「20世紀の化学とは何だったのか」と振り返ることは意義のあることです。

　キュリー夫妻による放射性元素の発見に始まる「放射化学」は特筆すべきことでしょう。ワトソンとクリックによるDNAの構造解析が、その後の「生命化学」の発展に寄与した功績は永遠に忘れられないでしょう。

　地味ではありますが、ハーバーとボッシュが開発したアンモニアの直接合成は、人類の生存（食糧自給）に直接的に貢献したものとして、その価値は永遠に不滅です。高分子化学の分野で果たしたスタウディンガーの貢献がなければ、私たちの日常生活はこれほど便利で快適なものにはなっていなかったでしょう。

　そして、これらの化学を支えたのは、量子力学に裏打ちされた「**量子化学**」の理論でした。

　それでは「21世紀の化学」は、どのようになるのでしょうか。

化学の発展速度が急拡大

　21世紀の化学を特色づける最大のものは、その発展の速度ではないでしょうか。少なくとも化学に関する限り、量子論以上の理論は現

在のところ、必要とはされていないように見えます。理論のカバーが及ぶ限り、技術は自己増殖的に拡大、発展します。

　化学技術の面から見た最近の発展スピードは、素晴らしいものがあります。つくろうと思うものは何でもつくってしまいます。しかし、人類が原子爆弾、水素爆弾というパンドラの箱を開けてしまったように、人類がハイスピードでつくり続ける「化学物質」というパンドラの箱の中に、果たして「希望」が残っているかどうか、それは誰にもわかりません。

　現代の化学に必要とされるものは、それを制御する智慧ではないでしょうか。現代化学の技術は、その使用を化学者だけに任せておいては危険なほどに高度化してしまっているようにも思えます。

　哲学的、倫理的、あるいは宗教的なさまざまな見地から、その行く末を見守ることが必要なのかもしれません。

　しかしもっと本質的には化学者、科学者自身がそのような智慧を身につけなければならないということです。科学者は「知」の部分だけを担えばよいという逃げ道は許されません。科学者はその「知」の責任を担わなければならなくなってきているのです。「知の世界」だけに逃げこんでいることは許されなくなっているのです。

生きて動いている「有機化学」がわかる ● 索 引

英数字

DDS ································ 208
DNA ························· 154, 168
IUPAC ···························· 60
LB 膜 ····························· 206
PET ····························· 142
T型スタッキング ·················· 202

あ

アクアマテリアル ················· 228
アクリル樹脂 ····················· 140
アスピリン ··················· 98, 164
アセチレン ······················· 49
アセトン ························· 79
アミノ基 ························· 87
アミン ·························· 87
アモルファス ················ 143, 144
アルカン ····················· 42, 62
アルキル基 ······················· 66
アルキン ························· 63
アルケン ····················· 48, 63
アルコール ···················· 63, 73
アルデヒド ···················· 64, 80

い

イオン反応 ······················ 102
異性体 ·························· 47

う

ウレア樹脂 ······················ 151

え

液晶 ··························· 212
液晶分子 ······················· 212
エステル化 ······················· 82
エタノール ······················· 75
エタン ·························· 45
エーテル ························ 78
エーテル結合 ····················· 78
エンジニアリングプラスチック ··· 135

か

会合 ··························· 204
会合体 ·························· 56
架橋 ··························· 177
架橋構造 ······················· 150
化合物 ·························· 29
加水分解 ························ 82
活性化エネルギー ··········· 105, 106
カーボンナノチューブ ······· 194, 222
カーボンファイバー ·············· 195
ガラス転移温度 ·················· 147
カリックスアレーン ·············· 218
カルボニル化合物 ················· 79
カルボニル基 ····················· 79
カルボン酸 ······················· 81
環状付加反応 ···················· 118
官能基 ·························· 67

き

機能性高分子 ···················· 174
求核反応 ······················· 109
吸熱反応 ······················· 105
共役二重結合 ····················· 51

267

共有結合 …………………………… 27, 39
極性分子 ………………………………… 55

く

クラウンエーテル ………………… 216
クラスター ……………………………… 56
グラファイト ……………………… 194

け

形状記憶高分子 …………………… 180
ゲスト分子 ………………………… 216
結合手 …………………………………… 40
結合分極 ………………………………… 55
結晶 …………………………………… 143
ケトン …………………………………… 79

こ

光学異性体 ……………………………… 89
高吸水性高分子 …………………… 174
合成エタノール …………………… 156
合成高分子 ………………………… 133
構造式 ……………………………… 42, 57
高分子 ……………………………… 130
高分子凝集剤 ……………………… 184
高分子の融点 ……………………… 147
コンパティビライザー ……… 191, 192

さ

酢酸 …………………………………… 81
錯体 …………………………………… 170
三重結合 ……………………………… 50

し

磁気モーメント …………………… 250
σ（シグマ）結合電子雲 ……… 46, 138
シクロアルカン ………………………… 63

シクロデキストリン ……………… 217
シス体 ………………………………… 117
磁性 …………………………………… 250
主生成物 ……………………………… 104
親水性 ………………………………… 205

す

水酸基 ………………………………… 73
水素結合 ……………………………… 56
随伴水 ………………………………… 186
スタウディンガー …………… 131, 198

せ

生分解性高分子 …………………… 183
接触還元反応 ……………………… 115
繊維強化プラスチック …………… 189

そ

疎水性 ………………………………… 205
疎水性相互作用 …………………… 203

た

多孔性金属錯体 …………………… 219
脱離反応 ……………………………… 112
炭化水素 …………………………… 42, 70
炭素繊維 ……………………………… 193
単体 …………………………………… 29

ち

置換基 ………………………………… 66
置換反応 ……………………………… 107
チーグラー・ナッタ触媒 ………… 162
中間体 ………………………………… 103
超伝導 ………………………………… 232
超分子 ………………………………… 131, 198

て

デキストリン ……………………217
電荷移動錯体 ……………………234
添加物 ……………………………179
電気陰性度 ………………………54
電気双極子 ………………………200
電子雲 ……………………………26
デンドリマー ……………………223
天然高分子 …………………133, 152

と

導電性高分子 ……………………178
ドーパント ………………………179
ドーピング ………………………179
トランス体 ………………………117

な

ナイロン …………………………140

に

ニトリル基 ………………………96
ニトロ基 …………………………92

ね

熱化学方程式 ……………………103
熱可塑性高分子 ……………134, 137
熱硬化性高分子 ……………134, 148

は

配位子 ……………………………170
パイエルス転位 …………………236
π（パイ）結合電子雲 …………48
バイナップ（BINAP）触媒 ……167
ππスタッキング ………………202
パイル ……………………………235
発酵 ………………………………156

発

発熱反応 …………………………104
ハーバー・ボッシュ法 …………95
反応エネルギー …………………104
反応機構 …………………………103
反応の選択性 ……………………83
汎用樹脂 …………………………135

ひ

光化学反応 ………………………125
光硬化性高分子 …………………176
非局在π電子雲 …………………52
ヒドロキシ基 ……………………73
ビニル化合物 ……………………139
氷酢酸 ……………………………85

ふ

ファンデルワールス力 …………200
フェノール …………………74, 77
フェーリング反応 ………………80
付加反応 …………………………115
複合材料 …………………………187
副生成物 …………………………104
不斉合成 …………………………90
不斉炭素 …………………………89
ブタジエン ………………………51
部分電荷記号 δ …………………55
不飽和炭化水素 ……………42, 47
フラーレン ………………………221
プラスチック ……………………134
フリーデルクラフト反応 ………122
分散力 ……………………………200
分子関節 …………………………226
分子間力 ……………131, 174, 198
分子機械 …………………………221
分子式 ……………………………42
分子シャトル ……………………225

269

分子スイッチ ……………………… 225	メラミン樹脂 ……………………… 151
分子膜 …………………………… 205	

へ / も

ベシクル …………………………… 208	モノマー …………………………… 133
ヘモグロビン ……………………… 172	
変性アルコール …………………… 75	
ベンゼン …………………………… 52	

ほ / ゆ

芳香族化合物 …………… 42, 52, 97	有機 EL …………………………… 246
芳香族置換反応 …………………… 120	有機化学反応 ……………………… 102
包摂化合物 ………………………… 172	有機化合物 ………………………… 34
飽和炭化水素 ……………………… 42	有機合成反応 ……………………… 30
ホスト分子 ………………………… 216	誘起双極子 ………………………… 200
ポリアミド ………………………… 141	有機太陽電池 ……………………… 240
ポリエステル ……………………… 142	有機物 ……………………………… 34
ポリエチレン ……………………… 137	有機溶媒 …………………………… 74
ポリ塩化ビニル …………………… 139	遊離基 ……………………………… 45
ポリスチレン ……………………… 140	ユーリー・ミラーの実験 ………… 37
ポリペプチド ……………………… 88	
ポリマー …………………………… 132	
ポリマーアロイ …………………… 190	

よ

溶媒 ………………………………… 74

ま / ら

マトリックス ……………………… 189	ラジカル …………………………… 251
	ラセミ体 …………………………… 90
	ラミネートフィルム ……………… 188

む / り

無水アルコール …………………… 75	立体化学 …………………………… 161
無水酢酸 …………………………… 85	両親媒性分子 ……………………… 205

め

メタノール ………………………… 76
メタン ……………………………… 42
メチル基 …………………………… 45
メチルラジカル …………………… 45

著者略歴

齋藤 勝裕（さいとう・かつひろ）

1945年5月3日生まれ。1974年、東北大学大学院理学研究科博士課程修了、現在は名古屋市立大学特任教授、愛知学院大学客員教授、金城学院大学客員教授、名古屋産業化学研究所上席研究員、名城大学非常勤講師、中部大学講師、名古屋工業大学名誉教授などを兼務。理学博士。専門分野は有機化学、物理化学、光化学、超分子化学。おもな著書として、「絶対わかる化学シリーズ」全18冊（講談社）、「わかる化学シリーズ」全16冊（東京化学同人）、「わかる×わかった！化学シリーズ」全14冊（オーム社）、『レアメタルのふしぎ』『マンガでわかる有機化学』『マンガでわかる元素118』（以上、SBクリエイティブ）、『生きて動いている「化学」がわかる』『元素がわかると化学がわかる』（ベレ出版）など多数。

生きて動いている「有機化学」がわかる

2015年1月25日　初版発行

著者	齋藤 勝裕（さいとう かつひろ）
カバーデザイン	五月女弘明
DTP	あおく企画
編集協力	編集工房シラクサ

©Katsuhiro Saito 2015. Printed in Japan

発行者	内田 眞吾
発行・発売	ベレ出版 〒162-0832　東京都新宿区岩戸町12 レベッカビル TEL.03-5225-4790　FAX.03-5225-4795 ホームページ　http://www.beret.co.jp/ 振替 00180-7-104058
印刷	モリモト印刷株式会社
製本	根本製本株式会社

落丁本・乱丁本は小社編集部あてにお送りください。送料小社負担にてお取り替えします。
本書の無断複写は著作権法上での例外を除き禁じられています。購入者以外の第三者による本書のいかなる電子複製も一切認められておりません。

ISBN 978-4-86064-424-6 C0043　　　　　　　編集担当　坂東一郎

好評発売中　ベレ出版の化学の本

「化学のチカラ」が日本を支えている！

生きて動いている「化学」がわかる

齋藤勝裕　著

A5判並製
本体価格1800円
ISBN978-4-86064-377-5

化学は日本のお家芸といえます。日本人のノーベル賞受賞者のなかでも化学賞は7名と多く、産業としても、化学工業は自動車と並び、世界のトップを走っています。「化学のチカラ」は日本にとって非常に重要なものであるにも関わらず、多くの人は化学の重要性や、しくみなどを理解しないまま社会人になっています。本書は、産業との関わりを意識しながら「化学の基本部分」をわかりやすく解説することで、学びなおす大人が化学のすごさ・楽しさを味わえる実践的な入門書です。

これだけの元素から無限の物質が生まれる！

元素がわかると化学がわかる

齋藤勝裕　著

A5判並製
本体価格1800円
ISBN978-4-86064-339-9

元素113が日本の理化学研究所でつくられ、日本として初めて命名権がとれるかもしれないというニュースは記憶に新しいところです。物質の種類は無限にありますが、その物質を形づくる元素の種類は現在わかっているだけでたったの118です。本書はまず第Ⅰ部で化学の基礎知識を身につけ、第Ⅱ部で118の元素の性質を理解しながら、同時に「化学」を学んでいきます。元素の性質を表す日常的な現象の説明の一環として、化学の本質・理論が織り込まれているので、違和感なく学ぶことができるようになっています。